Research on Strut-and-Tie Models by Topology Optimization Based on Moving Morphable Components

基于可移动变形组件拓扑优化的拉压杆模型研究

乔文正 著

北京航空航天大学出版社
BEIHANG UNIVERSITY PRESS

图书在版编目（CIP）数据

基于可移动变形组件拓扑优化的拉压杆模型研究 / 乔文正著. -- 北京：北京航空航天大学出版社，2023.10

ISBN 978-7-5124-4207-8

Ⅰ. ①基… Ⅱ. ①乔… Ⅲ. ①钢筋混凝土结构—研究 Ⅳ. ①TU375

中国国家版本馆 CIP 数据核字（2023）第 195724 号

基于可移动变形组件拓扑优化的拉压杆模型研究

责任编辑：李　帆
责任印制：秦　赟
出版发行：北京航空航天大学出版社
地　　址：北京市海淀区学院路 37 号（100191）
电　　话：010－82317023（编辑部）　010－82317024（发行部）
　　　　　010－82316936（邮购部）
网　　址：http：//www. buaapress. com. cn
读者信箱：bhxszx@163. com
印　　刷：北京凌奇印刷有限责任公司
开　　本：787mm×1 092mm　1/16
印　　张：11
字　　数：202 千字
版　　次：2023 年 10 月第 1 版
印　　次：2023 年 10 月第 1 次印刷
定　　价：48.00 元

如有印装质量问题，请与本社发行部联系调换
联系电话：010－82317024

版权所有　侵权必究

前　言

混凝土结构功能日益多元，承重构件受力日趋复杂。为了实现混凝土结构应力扰动区的精细设计，基于应力的拉压杆模型分析方法势在必行。多个国家已将拉压杆模型纳入混凝土结构设计规范。《公路钢筋混凝土及预应力混凝土桥涵设计规范》（JTG 3362—2018）也推荐采用拉压杆模型进行混凝土结构应力扰动区的计算。因此，拉压杆模型分析方法已经逐渐受到设计人员的重视，但其被广泛应用于实际工程仍需深入细致的研究。

拓扑优化是研究在给定约束下使目标函数最小的材料最优分布问题。作为一种显式拓扑优化方法，基于可移动变形组件的拓扑优化创造性地采用组件作为结构拓扑的基本元素，通过组件的自由移动和任意变形来实现结构的拓扑优化。该方法实现了拓扑优化和 CAD 建模系统的统一，具有边界光滑、设计变量数少、无灰度单元等优点。

近年来，拓扑优化辅助工程设计成为一种新趋势。在混凝土结构中，基于拓扑优化的拉压杆模型研究也成为一个重要课题。鉴于组件和拉压杆的相似性，本书将可移动变形组件的拓扑优化用于拉压杆模型研究，以期准确且高效地构建合适的拉压杆模型。以可移动变形组件拓扑优化方法为工具，构建了二维和三维钢筋混凝土构件的拉压杆模型，研究了不同工况下基于拓扑优化的拉压杆模型，建立了基于拓扑优化的拉压杆模型自动提取体系和评价体系，并开发了相应的计算机程序。全书共 7 章，分别为绪论、基于 MMC 二维拓扑优化的拉压杆模型、不同工况下基于 MMC 拓扑优化的拉压杆模型、基于拓扑优化的拉压杆模型自动提取方法、拉压杆模型的评价体系、基于 MMC 三维拓扑优化的拉压杆模型，以及总结与展望。

围绕拉压杆模型的拓扑优化构建，本书在以下三个方面开展了创新性工作。首先，研究了基于可移动变形组件二维和三维拓扑优化方法的拉压杆模型，分析了优化过程中主应力的变化规律，建立了由四个技术指标构成的拉压杆模型评价体系，实现了拉压杆模型的定量比较。其次，探讨了支座约束和荷载条件对基于拓扑优化的拉压杆模型的影响，研究了桥梁横断面的拓扑优化设计，为复杂工况下构件配筋优化设计提供科学依据。最后，建立了由骨架提取、框架提取和形状优化构成的拉压杆模型自动提取体系，研究了二维优化结构的 Voronoi 骨架提取法和三维优化结构的拉普拉斯曲线骨架提取法，提出了以类桁架指标为约束的形状优化，实现了受力合理且几何规则的拉压杆模型的自动构建。

本书得到河海大学陈国荣教授、大连理工大学郭旭教授和杜宗亮副教授、重庆大学夏毅助理研究员等的鼓励、指导和支持，笔者在此特表示衷心的感谢！本书部分研究成果得到了山西省高等学校科技创新项目（2022L562）、吕梁市科技计划项目（2022RC24）和吕梁学院博士科研启动经费的资助，在此表示衷心的感谢！

由于笔者水平有限，书中难免有不足之处，衷心希望各位同人和读者不吝批评指正。

乔文正

2023 年 3 月于吕梁学院

符号说明

Ω　结构的设计域，简称设计域；

Ω_s　所有组件所占区域，简称结构域；

Ω_i　第 i 个组件所占区域，简称组件域；

Ω_e　单元所占区域，简称单元域；

nc　可移动变形组件总数；

NE　设计域内有限单元总数；

E　弹性张量；

I　四阶同性张量；

δ　二阶同性张量；

ϵ　应变张量；

E　混凝土弹性模量；

E^i　虚假混凝土弹性模量；

$\boldsymbol{D}^*$　混凝土弹性矩阵；

$\boldsymbol{B}$　应变矩阵；

$\boldsymbol{S}$　应力矩阵；

σ_1　最大主应力；

σ_2　最小主应力；

$\boldsymbol{d}$　设计变量；

U_{ad}　试函数的容许位移场；

U_{d}　设计变量的容许集；

C　柔度（单荷载工况）或组合柔度（多荷载工况）；

C_k　与第 k 个荷载对应的柔度；

$V(\boldsymbol{d})$　与设计变量 $\boldsymbol{d}$ 有关的实体材料体积；

V_0　设计域体积；

$\overline{V}$　容许的实体材料与设计域体积之比，简称容许体积比；

V　拓扑优化问题的体积比约束函数，其表达式为 $V=\frac{V(d)}{V_0}-\overline{V}$；

χ_i　第 i 个组件拓扑描述函数；

χ_s　结构拓扑描述函数；

χ_j^e　结构拓扑描述函数在单元 e 的第 j 个结点处的取值；

$H(x)$　单位阶跃函数或 Heaviside 函数；

Γ_u　位移边界条件；

Γ_t　应力边界条件；

$\boldsymbol{K}_e^*$　对应于混凝土的单元刚度矩阵；

$\boldsymbol{K}_e$　基于虚假材料模型的单元刚度矩阵；

$\boldsymbol{K}$　结构整体刚度矩阵；

$\boldsymbol{F}$　结构荷载列阵；

$\boldsymbol{F}_k$　第 k 个荷载列阵；

$\boldsymbol{F}_e$　单元荷载列阵；

$\boldsymbol{f}$　体力；

$\boldsymbol{T}$　面力；

$\boldsymbol{u}$　整体位移列阵；

$\boldsymbol{u}_k$　与第 k 个荷载对应的整体位移列阵；

$\boldsymbol{u}_e$　单元位移列阵；

$\boldsymbol{u}_{ek}$　与第 k 个荷载对应的单元位移列阵；

$\overline{\boldsymbol{u}}$　已知位移；

$\boldsymbol{v}$　试函数；

V_e　有限单元的体积；

m　多荷载工况或参与荷载效应组合的荷载总数；

α_k　组合系数；

$\boldsymbol{K}^{\mathrm{f}}$　框架结构的整体刚度矩阵；

$\boldsymbol{u}^{\mathrm{f}}$ 框架结构的整体位移列阵；

$\boldsymbol{F}^{\mathrm{f}}$ 框架结构的荷载列阵；

$\boldsymbol{K}_{e}^{\mathrm{f}}$ 框架结构的单元刚度矩阵；

$\boldsymbol{F}_{\mathrm{N}}$ 框架单元的轴力；

$\boldsymbol{F}_{\mathrm{V}}$ 框架单元的剪力；

$\boldsymbol{N}_{\mathrm{f}}$ 框架单元的数量；

$\boldsymbol{G}_{\mathrm{M}}$ 三角网格；

$\boldsymbol{V}_{\mathrm{M}}$ 网格的顶点集合；

$\boldsymbol{E}_{\mathrm{M}}$ 网格的边集合；

$\boldsymbol{F}_{\mathrm{M}}$ 网格的面集合；

$\boldsymbol{L}$ 网格的拉普拉斯算子；

S_{0} 曲面；

$\boldsymbol{H}_{\mathrm{m}}$ 曲面点的局部平均曲率；

$\boldsymbol{I}_{\mathrm{t}}$ 类桁架指标；

$\boldsymbol{I}_{\mathrm{s}}$ 拉应力相似指标；

$\boldsymbol{I}_{\mathrm{r}}$ 配筋率指标；

$\boldsymbol{I}_{\mathrm{e}}$ 效率指标。

目 录

第1章 绪论

1.1 研究背景和意义

随着科学的发展和技术的进步，混凝土结构功能日趋多元化，承重构件受力日趋复杂化。为了实现混凝土结构应力扰动区的精细设计，基于应力的拉压杆模型分析方法成为一种趋势。拉压杆模型（Strut-and-Tie Model，简称STM）是一种重要的混凝土结构塑性设计方法，可以实现混凝土结构的精细设计。经过长足的发展，一些国家已将拉压杆模型分析方法纳入混凝土结构设计规范。《公路钢筋混凝土及预应力混凝土桥涵设计规范》（JTG 3362—2018）也推荐采用拉压杆模型进行混凝土结构应力扰动区的计算。为了实现混凝土结构应力扰动区的精细设计，进一步推进拉压杆模型分析方法在混凝土结构中的应用，研究人员仍需要进行大量深入细致的研究。其中的一项关键工作就是拉压杆模型的高效且自动构建。

拓扑优化是研究在给定条件下使目标函数最小的材料最优分布。它可以改变结构的几何拓扑，从而实现更高层次的结构优化。它不仅能加深设计人员对结构荷载传递机理的认识，还能显著地节省建筑材料。在混凝土结构中，拓扑优化可以用来构建合适的拉压杆模型，从而实现结构的配筋优化。因此，在“碳达峰、碳中和”的目标下，基于拓扑优化的拉压杆模型研究在节约材料和减少碳排放方面也具有重要的现实意义。

基于可移动变形组件（Moving Morphable Components，简称MMC）拓扑优化是一种显式拓扑优化，其创造性地采用组件作为结构拓扑的基本元素，通过组件的自由移动和任意变形来实现结构的拓扑优化。该方法实现了拓扑优化和CAD建模系统的统一，具有边界光滑、设计变量少、无灰度单元等优点。目前，MMC 拓扑优化方法是拓扑优化领域的研究热点之一。

鉴于组件和拉压杆的相似性，将 MMC 拓扑优化用于 STM 的研究，以期准确且高效地构建合适的 STM。与传统的隐式拓扑优化方法相比，该方法具有以下优势：一是克服了诸如棋盘格现象、网格依赖性和灰度单元等问题；二是极大地减少了设计变量，提高了优化求解的效率；三是由组件构成的最优拓扑，为 STM 的自动提取提供便利；四是可高效地构建三维构件的 STM。

本书围绕拉压杆模型的拓扑优化构建，建立了可移动变形组件的二维和三维拓扑优化理论和方法，探讨了不同工况下拉压杆模型的拓扑优化构建，研究了桥梁横断面的拓扑优化设计，建立了基于拓扑优化的拉压杆模型自动提取体系，并编制了相应的计算机程序，以期实现复杂结构构件 STM 的高效且自动构建，为复杂工况下构件的 STM 提供科学依据，为构件的配筋设计提供合理化建议，进一步推进拉压杆模型分析方法的标准化工作。因此，基于 MMC 拓扑优化的拉压杆模型研究，不仅具有重要的理论意义，还具有广阔的应用前景。

1.2 国内外研究进展

1.2.1 拓扑优化研究进展

结构优化是指在给定的约束条件下，寻求一组设计变量使给定目标最小的设计。结构优化在本质上是一个由式（1.1）给出的数学优化问题[1]。

$$
\begin{aligned}
&\text{寻 找} \quad \boldsymbol{x}=(x_1,\cdots,x_n)^{\mathrm{T}}\\
&\text{最小化} \quad f_0(\boldsymbol{x})\\
&\text{满 足} \quad f_i(\boldsymbol{x})\leqslant 0,\ i=1,\cdots,m,\\
&\qquad\qquad x_j^{\min}\leqslant x_j\leqslant x_j^{\max},\ j=1,\cdots,n。
\end{aligned}
\tag{1.1}
$$

式中，$\boldsymbol{x}$ 为设计变量或优化变量；$f_0(\boldsymbol{x})$ 为目标函数；$f_i(\boldsymbol{x})$ 为第 i 个约束函数；$x_j^{\max}$ 和 $x_j^{\min}$ 分别为设计变量第 j 个分量 x_j 的上限和下限。最优解是满足约束条件且使目标函数值最小的设计变量。在结构优化中，设计目标和约束通常为结构的重量（体积）、柔度（刚度）、强度、动力学和热力学指标等。在结构响应分析中通常还要引入有限元分析。由于工程优化问题的复杂性，结构优化通常呈非线性且非凸优化，还存在设计变量多等问题。关于结构优化的详细内容见综述性文献[2-3]和专著[4]。

根据不同的优化层次，结构优化通常分为尺寸优化、形状优化和拓扑优化。拓扑是一个几何学概念，是研究几何图形或空间在连续改变形状后还能保持不变的性质。它采用同胚映射[5]来描述这种与形状和大小无关的、不变的性质。因此，从拓扑的角度看，任意多边形的周线和圆周是一样的，即它们互相同胚。图 1.1 为悬臂构件的三种结构优化类型。在尺寸优化中，设计变量为构件不同部分的高度 h_1 和 h_2，而且这些变量在一定范围内变化也不会引起结构拓扑的变化，结构形状也未发生根本性变化。形状优化则以描述构件内、外边界的形状参数为设计变量。在形状优化中，这些边界通常不会产生交叉、重叠和消失，因此构件的拓扑也保持不变。在拓扑优化中，选用一组设计变量以描述结构的拓扑，通过不断地更新设计变量以达到结构拓扑优化。在平面问题中，结构拓扑的变化主要是通过引入不同数量的孔洞来实现的。与形状和尺寸优化相比，拓扑优化赋予设计者更多的自由度，能够在概念设计阶段为工程设计提供科学依据，成为结构优化领域的研究热点。结构拓扑的参数化是拓扑优化的一项核心内容。结构拓扑的复杂性导致很难找到一组合适的设计变量来描述结构的拓扑。因此，拓扑优化也一直是结构优化领域的难点。拓扑优化，又称布局优化或广义的形状优化，是研究在给定约束条件下使目标函数最优的材料分布。结构的拓扑是在概念设计阶段对结构方案起决定作用的因素，这是因为结构的拓扑会显著地影响结构设计的成本和效率，而形状和尺寸优化并不能改变结构的拓扑。根据结构类型的不同，拓扑优化可分为离散结构拓扑优化和连续结构拓扑优化两大类。离散结构拓扑优化，又称桁架拓扑优化或基结构法。桁架拓扑优化的理论研究最早可追溯到 Maxwell[6]关于桁架自由度和约束度的论述和 Michell[7]关于桁架结构最小材料用量的研究。此后 Prager 等[8-10]建立了经典的桁架和梁格布局理论。这些理论为桁架拓扑优化的解析方法奠定了坚实的基础。基结构法是研究离散拓扑优化的数值方法。基结构法最早由 Dorn 等[11]提出，之后经 Kumar[12]、Ali[13-14]和 Biondini[15]进一步发展和完善。该方法是将设计域离散成一系列由结点和桁架单元组成的稠密桁架，以桁架单元横截面的面积为设计变量，通过数学规划法或优化准则法产生最优的稀疏桁架。图 1.2 为不同复杂度的基结构。在设计域内布置 3×5 的结点网格，通过一阶、二阶和四阶的基结构，将右端中部竖向荷载传递到左端固定支座。在优化过程中，逐渐去除横截面积为零的桁架单元，最终形成最优的荷载传递路径。

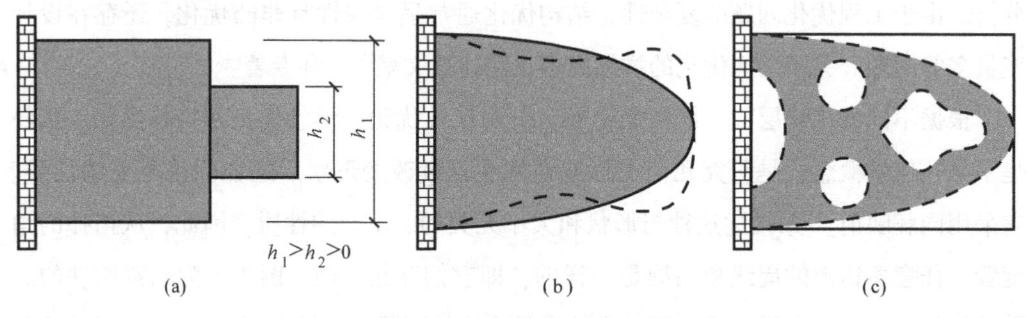

图 1.1 结构优化的三种类型

(a) 尺寸优化，(b) 形状优化，(c) 拓扑优化

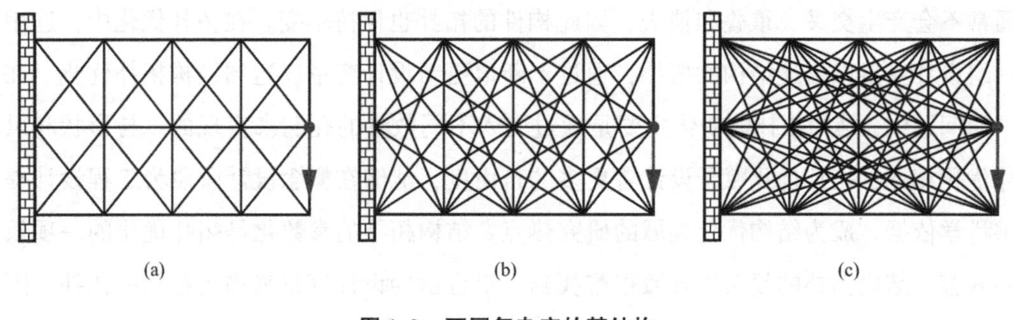

图 1.2 不同复杂度的基结构

(a) 一阶，(b) 二阶，(c) 三阶

Sokół[16]编制了 99 行基结构 Mathematica 拓扑优化代码。Zegard 和 Paulino[17]研究了适用于非结构化且非正交的二维凹形设计域的基结构拓扑优化方法。该方法采用 Voronio 图多边形网格生成器[18]进行有限元分析，采用计算几何中的碰撞检测算法以避免在限制区域形成相交的构件。离散结构拓扑优化的详细内容见综述性文献 [19-20] 和专著 [21-22]。

连续结构被有限元离散后，连续结构的拓扑采用 0-1 的二值函数来表征。0 表示单元无材料分布；1 表示单元填满材料。因此，连续结构拓扑优化被视为一个大规模的 0-1 规划问题。为了消除数值不稳定（解的存在性和收敛性）和提高求解效率，需要对拓扑优化列式进行正则化处理[23-26]。20 世纪 80 年代，连续结构拓扑优化得到了快速的发展，先后涌现出多种不同的拓扑优化方法。连续结构拓扑优化的研究进展详见综述性文献 [27-34]。

1. 均匀化方法

均匀化方法是用于研究非均匀材料的一种等效的数学方法，即其理论为均匀化理论[35-36]。Bendsøe 和 Kikuchi[37]开创性地将均匀化理论和有限元分析相结合并用于结构拓扑优化。图1.3为均匀化方法中两种常见的周期性微结构。图1.3（a）为带有矩形孔洞的矩形单胞构成的微结构，图1.3（b）为二阶层叠单胞构成的微结构，该二阶单胞由两个同类型的一阶单胞相互垂直排列组成。均匀化方法[38]采用周期性微结构的正则化方法，将0-1规划问题转化为表征微结构孔洞大小的连续变量的优化问题。在均匀化方法中，材料模型的构建采用均匀化理论中的渐进展开方法[39-42]将宏观的弹性矩阵表达成微观的设计变量的函数。均匀化方法的核心思想是在设计域内引入大量的微孔洞，通过孔洞的尺寸变化形成孔洞的消失、融合和分离，从而实现结构的拓扑变化。

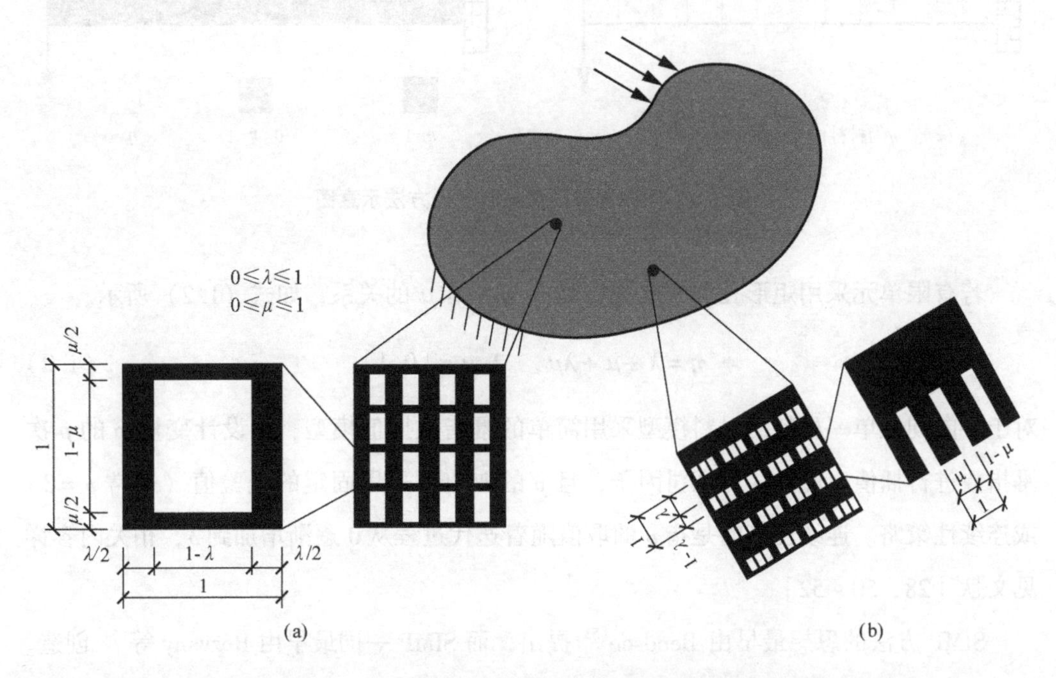

图1.3 均匀化方法中两种常见的周期性微结构

（a）矩形孔洞单胞微结构，（b）二阶层叠单胞微结构

近年来，随着增材制造技术的不断成熟，精细点阵结构的建造成为可能，这使周期性微结构的均匀化方法得到广泛应用。关于均匀化方法的最新进展详见文献［43-49］。

2. 固体各向同性材料惩罚方法

固体各向同性材料惩罚方法（Solid Isotropic Material with Penalization，简称SIMP），又称幂律方法、变密度法。SIMP方法的设计变量不再是微结构孔洞的尺寸，而是材料体积相对密度 η（η 表示单元实体材料与单元体积之比，$0\leqslant\eta\leqslant1$）。图1.4为SIMP方法的示意图。

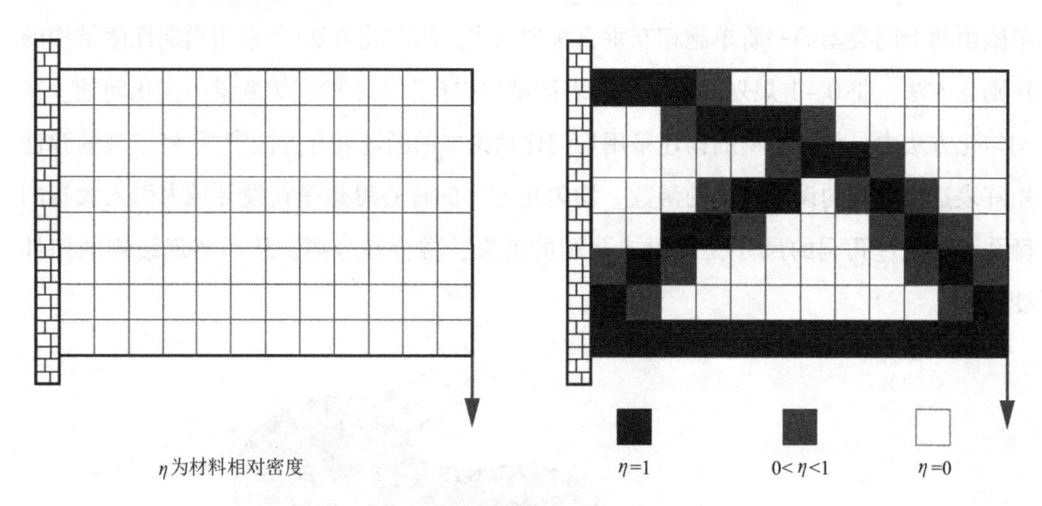

图1.4　固体各向同性材料惩罚方法示意图

若有限单元采用矩形孔洞的单胞，则 η 与 λ 和 μ 的关系，如式（1.2）所示。

$$\eta=\lambda+\mu+\lambda\mu,\quad \lambda,\mu\in[0,1] \tag{1.2}$$

对于各向同性单一材料的材料模型采用简单的幂指数插值模型，即设计变量 η 的 p 次幂指数进行插值。此处 p 为惩罚因子，且 p 的取值可采用固定的经验值（通常 $p=3$）或连续性策略。连续性策略是指 p 的取值随着迭代过程从0逐渐增加到3，相关内容详见文献［28，50－52］。

SIMP方法的思想最早由Bendsøe[53]提出，而SIMP一词最早由Rozvany等[54]创造。Bendsøe和Sigmund[55]研究了拓扑优化中的不同材料插值方案的区别，并探讨了多材料和多物理场的拓扑优化问题。Sigmund[56]公开了经典的99行SIMP拓扑优化MATLAB代码。Bendsøe和Sigmund[57]出版了经典的SIMP方法专著，详细介绍了SIMP方法的理论、方法和应用。Bendsøe等[58]重点阐述了SIMP方法在叠层复合结构、流体、声学和光子晶体等领域的应用。Sigmund[59]提出一种基于形态的密度过滤方法，并与标准的密度过滤和敏度过滤方法进行了比较。Andreassen 等[60]通过数组内存预分配和循环向量化，编制了计算效率更高且更简洁的 88 行 SIMP 拓扑优化代码。Liu 和 Tovar[52]编制了三维 SIMP 拓扑优化代码。Ferrari 和 Sigmund[61]改进了拓扑优化的效率，编制了新一代的 99 行 SIMP 拓扑优化代码。

总之，SIMP 方法不再需要复杂的均匀化方法进行材料插值计算，而且通过惩罚因子使得 η 趋近于 0 或 1，即优化结果中尽可能少地出现灰度单元，达到非黑即白的效果，从而实现“惩罚”中间密度的目的。该方法理论完备、程序易于实现且计算效率较高，但也存在诸如棋盘格现象、网格依赖性和局部最优等数值不稳定等问题[62]。

3. 渐进结构优化方法

渐进结构优化方法（Evolutionary Structural Optimization，简称 ESO）最早由 Xie 和 Steven[63]提出。该方法的主要思想是从结构中逐渐删除低效的单元，从而得到最优的拓扑。Querin 等[64]提出一种单元增加的反向渐进优化方法（AESO），即在一个较小的初始结构上通过不断增加高效单元来形成最优拓扑。随后为了改进 ESO 的全局寻优能力，Querin 等[65-66]又将 ESO 和 AESO 的方法相结合，形成双向渐进优化方法（BESO），即在优化过程中不但可以删除低效单元，而且还能增加单元以避免出现高应力区域。为了解决 BESO 中解的振荡问题，荣见华等[67-68]提出了一种基于应力的 BESO 算法。此外，荣见华等[69]提出了一种采用人工材料的 BESO 方法。该方法借鉴 SIMP 方法的思路，在结构内外边界周围引入人工材料单元，使该方法具有更强的全局寻优能力。Huang 和 Xie[70]对 BESO 的收敛性和网格独立性进行了改进。在 ESO 方法的基础上，Liang 等[71-72]引入性能指数提出了基于性能的优化方法（Performance-Based Optimization，简称 PBO）。易伟建和刘霞[73-75]将遗传算法和 ESO 方法相结合形成一种遗传渐进优化算法（GESO）。此后又将 GESO 的方法用于钢筋混凝土深梁的拓扑优化[76]和 Michell 类桁架的研究[77]。Simonetti[78]提出了一种光滑渐进优化方法（SESO）。SESO 不再是完全删除低效单元，而是考虑了低效单元对整体刚度的部分贡献，使得单元删除方式更为合理和“光滑”。为了提升计算效率，王磊佳等[79]采用结构平均应变能密度作为单元删除准则，提出了加窗渐进优化算法（WESO）。Tang 等[80]提出了一种基于 BESO 方法考虑了可制造性约束的点阵结构的设计和优化策略。

与 SIMP 方法相比，ESO 方法规则简单，适用广泛。但在通用性、稳健性和计算效率方面有待进一步研究。关于 ESO 及其衍生方法详见综述文献［81-82］和专著［83-85］。

4. 水平集方法

水平集方法（Level Set Method，简称 LSM）是一种用于运动界面追踪的数值方法[86-87]，广泛应用于计算几何、流体力学、计算机视觉和材料科学。水平集方法示意图见图 1.5。图 1.5（a）为一种常见的水平集函数（Peaks 函数）。Peaks 函数为经平移和缩放的二元高斯分布函数，该函数存在 3 个极大值点和 3 个极小值点，如式（1.3）所示。

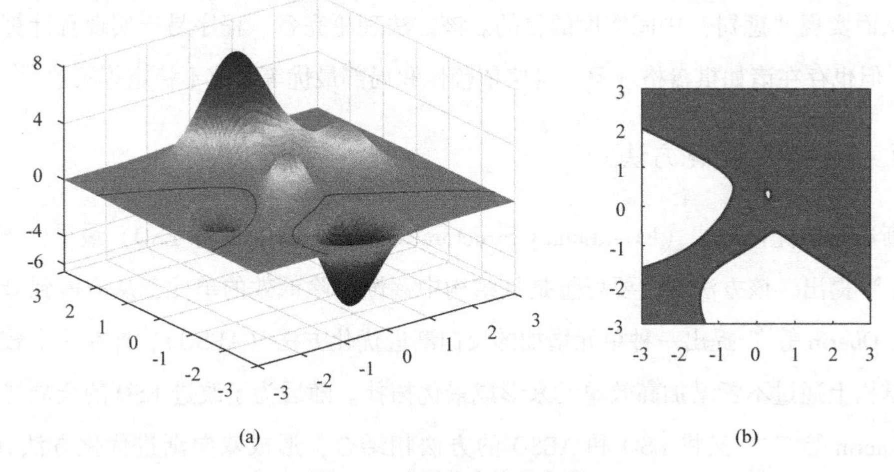

图 1.5　水平集方法示意图

（a）水平集函数，（b）零水平集

$$z=3\ (1-x)^2e^{-x^2-(y+1)^2}-10\left(\frac{x}{5}-x^3-y^5\right)e^{-x^2-y^2}-\frac{1}{3}e^{-(x+1)^2-y^2} \tag{1.3}$$

图 1.5（b）中曲线为 Peaks 函数的零水平集，且水平集函数大于零的区域为有材料填充，小于零的区域为孔洞。总之，LSM 采用高一维的水平集函数的零水平集来精确描述结构的边界，并通过边界的演化来实现结构的拓扑优化。Wang 等[88]将水平集方法用于结构拓扑优化，提出了一种水平集函数的拓扑优化方法。Allaire 等[89]将经典的形状导数用于水平集方法，提出了一种适用范围更广的结构优化方法。Wang 等[90]提出一种适用于多种材料拓扑优化的“彩色”水平集方法。为了提高精度和收敛速度，Wang 等[91]在传统的水平集方法中引入径向基函数，提出了一种径向基函数的水平集优化方法。Luo 等[92]提出了一种紧支径向基函数的柔顺机构参数化水平集拓扑优化方法。Challis[93]编制了 129 行的离散化水平集拓扑优化 MATLAB 代码。Guo 等[94]探讨了采用水平集方法进行应力相关的拓扑优化。Jahangiry 和 Tavakkoli[95]采用非均匀有理 B 样条的基函数近似水平集函数，将等几何分析用于水平集拓扑优化。Kambampati 等[96]

采用水平集优化方法对应力和温度约束下的电池组轻量化拓扑优化进行了研究，说明了在优化过程中采用热力耦合的多物理建模的必要性。

对于边界演化的水平集方法，优化结果具有清晰的边界，更适合于求解诸如接触、散热和电磁辐射等与边界形状有关的拓扑优化问题。水平集方法已经成为一种成熟且稳定的拓扑优化方法，但是在计算效率、收敛性和引入新的孔洞方面还有待进一步的研究。关于水平集方法的综述详见文献［97－98］。

5. 显式优化方法

为了实现拓扑优化与 CAD 建模系统的统一，Guo 等[99] 提出了基于可移动变形组件显式拓扑优化方法。图 1.6 为 MMC 拓扑优化方法的基本思路，该方法创造性地采用组件来表示结构的拓扑结构，并通过显式的几何参数来控制组件的位置和形状变化，最终由一组相交或重叠的组件来形成最优的拓扑结构。此后 Zhang 等[100] 提出了与 MMC 相对偶的可移动变形孔洞法（Moving Morphable Voids，简称 MMV）。该方法采用 B 样

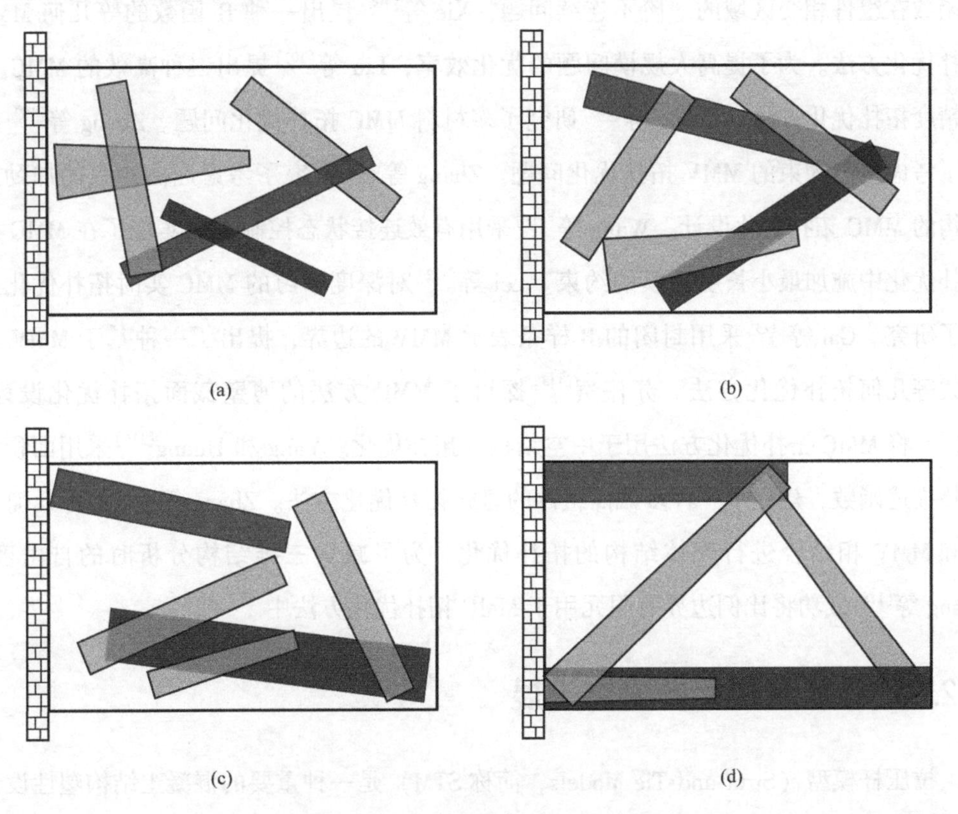

图 1.6　MMC 拓扑优化方法的基本思想

(a) 初始拓扑，(b) 中间拓扑 1，(c) 中间拓扑 2，(d) 最优拓扑

条曲线来描述MMV的边界，通过显式的边界演化来进行拓扑优化。显式拓扑优化的设计变量为描述组件或孔洞的显式几何参数。与传统的隐式拓扑优化（SIMP，LSM或ESO）相比，显式拓扑优化极大地减少了设计变量，从而提高优化求解效率，较好地解决了三维拓扑优化中的“维度灾难”问题。由于显式的特性，优化结果具有相对光滑的边界，避免了传统方法中灰度单元和锯齿状边界问题。此外，由于分析模型和优化模型的解耦，显式拓扑优化还克服了网格依赖性和棋盘格现象等数值困难。

显式拓扑优化方法一经提出，便引起了众多研究人员的关注。Zhang等[101]编制了MMC拓扑优化的MATLAB程序。张健[102]分别对拉格朗日和欧拉描述的MMC拓扑优化方法进行了研究。袁杰[103]分别对MMC的二维和三维拓扑优化进行了研究。王冲[104]将传统由实体材料构成的组件替换为内部填充周期性微结构的组件，采用均匀化方法对基于MMC的结构多尺度拓扑优化进行研究。Hou等[105]将非均匀有理B样条的等几何分析与MMC拓扑优化相结合形成显式等几何拓扑优化方法。为了解决拓扑描述函数在组件相交区域的一阶不连续问题，Xie等[106]提出一种R函数的等几何MMC拓扑优化方法。为了提高大规模问题的优化效率，Liu等[107]提出一种高效的MMC的多精度拓扑优化方法。Zhang等[108]研究了多材料MMC拓扑优化问题。Zhang等[109]探讨了考虑应力约束的MMV拓扑优化问题。Zhang等[110]研究了考虑屈曲约束的加劲肋结构的MMC拓扑优化设计。Wang等[111]采用有效连接状态控制方法实现了在MMC的拓扑优化中施加最小长度规模的约束。Lei等[112]对深度学习的MMC实时拓扑优化进行了研究。Gai等[113]采用封闭的B样条表示MMV的边界，提出了一种基于MMV的显式等几何拓扑优化方法。苏伟贺[114]探讨了MMC方法的薄壁截面拓扑优化设计。Bai[115]将MMC拓扑优化方法用于中空结构的拓扑优化。Yang和Huang[116]采用面积的拓扑描述函数，建立了一种多截面组件的显式拓扑优化方法。Zhang等[117]将等几何分析和MMV相结合进行壳体结构的拓扑优化。为了减少三维结构分析时的自由度，Zhang等[118]成功将比例边界有限元用于MMC拓扑优化方法中。

1.2.2 拉压杆模型的研究进展

拉压杆模型（Strut-and-Tie Models，简称STM）是一种重要的混凝土结构塑性设计方法，尤其适用于诸如深梁、牛腿、梁柱节点、混凝土锚固区等存在应力扰动区的构件设计。STM将混凝土结构的力学行为简化为由拉杆、压杆和节点组成的桁架模型。

图 1.7 为拉压杆模型简图。

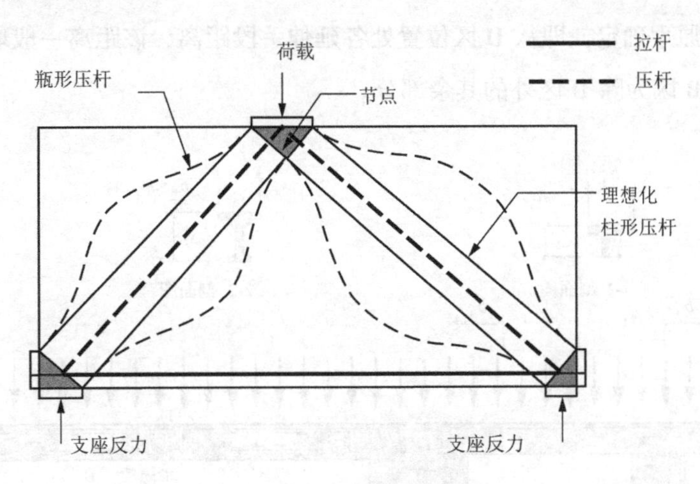

图 1.7 拉压杆模型简图

众所周知，混凝土结构根据应变分布情况可划分为应力扰动区（Disturbance or discontinuity regions，简称 D 区）和非应力扰动区（Bernoulli or bending regions，简称 B 区）。由于集中荷载作用和截面突变等原因，D 区截面应变呈现明显的非线性，平截面假定不再适用。与 D 区相比，混凝土结构非应力扰动区符合平截面假定，横截面应变呈线性分布，可以采用截面设计法。图 1.8 和图 1.9 分别为建筑结构和桥梁结构中典

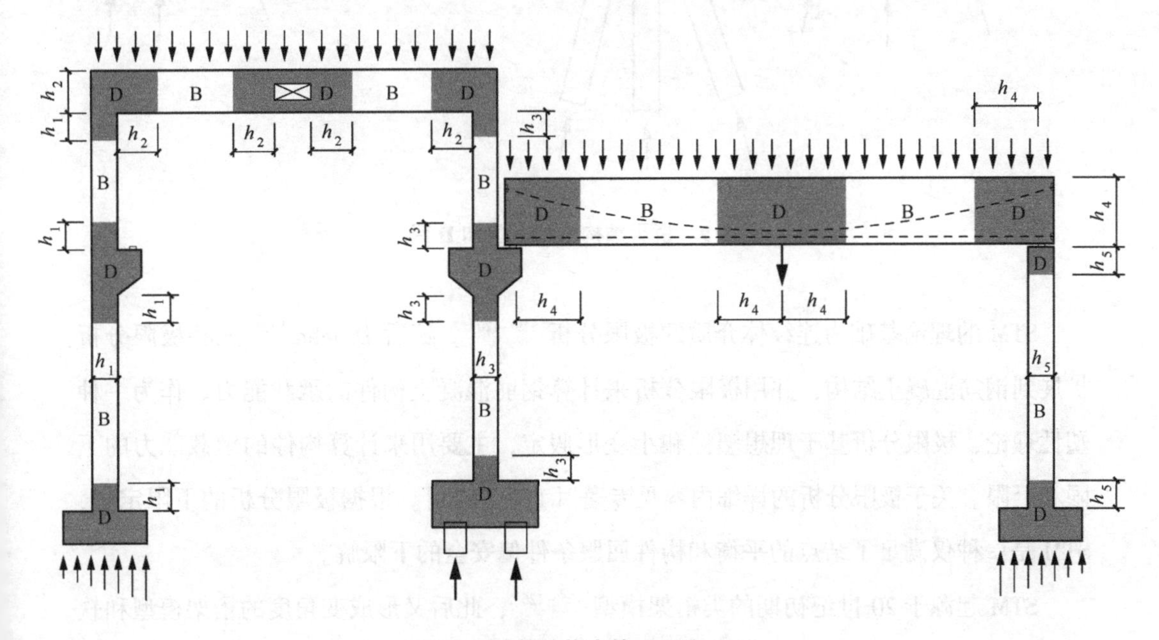

图 1.8 建筑结构中的 B 区和 D 区

型的 B 区和 D 区。D 区一般位于集中荷载作用点附近和截面尺寸突变处。D 区的大小可根据圣维南原理确定，即从 D 区位置处各延伸一段距离，该距离一般取该处截面尺寸的较大值。B 区为除 D 区外的其余部分。

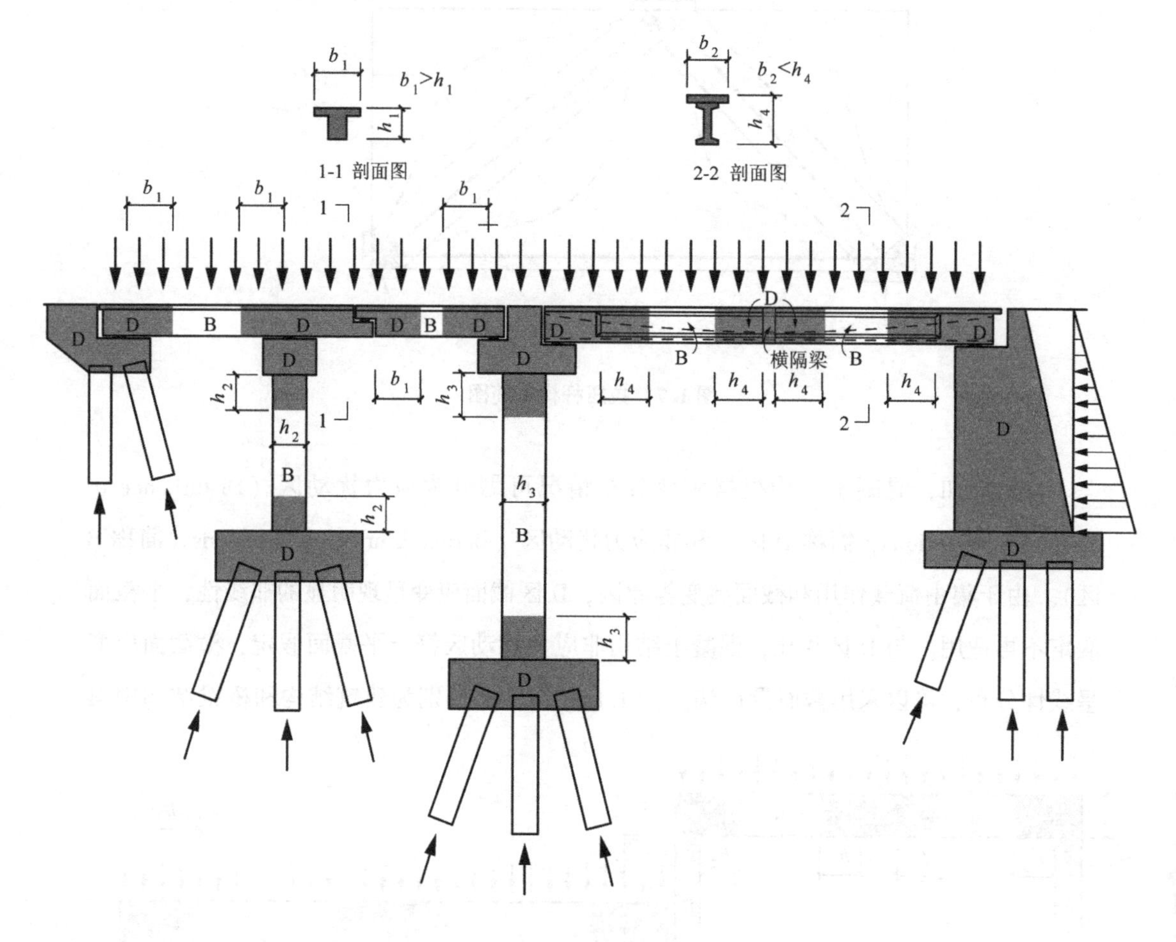

图 1.9　桥梁结构中的 B 区和 D 区

STM 的理论基础为连续体介质的极限分析[119-120]。随后 Drucher[121] 又将极限分析扩展到钢筋混凝土结构，并用极限分析来计算钢筋混凝土构件的承载能力。作为一种塑性理论，极限分析基于理想塑性和小变形假定，主要用来计算构件的承载能力的下限和上限。关于极限分析的详细内容见专著［122－124］。根据极限分析的下限定理，STM 是一种仅满足了结点的平衡和构件屈服条件偏安全的下限解。

STM 起源于 20 世纪初期的类桁架模型[125-126]，此后又形成变角度的桁架模型和软化桁架模型等模型。Martí[127] 最早将 STM 用于混凝土结构 D 区域的设计。Schlaich

等[128]对STM进行专题研究，使得STM成为一种被广泛认可且一致的混凝土设计方法。“一致”主要体现在三个方面，即STM对B和D区均适用，在构件受弯曲、剪切和扭转作用下也均适用，对概念设计阶段和详细设计阶段均起作用。目前，STM已经纳入多个国家的行业规范[129-136]中。《公路钢筋混凝土及预应力混凝土桥涵设计规范》(JTG 3362—2018)[134]中，除对简单受力情形的桩基承台、墩帽和桥墩悬臂盖梁直接给出STM外，对复杂受力情形的后张预应力混凝土锚固区和支座处横隔梁给出了拉力简化计算公式，该公式得出的拉力等同于STM中拉杆的内力。《混凝土结构设计规范(2015年版)》[137]对简支单跨深梁仍采用基于内力再试验修正的半经验设计方法。关于拉压杆模型的设计方法详见综述文献[138]。

然而，迄今为止并没有通用且简明的STM构建方法。由于未考虑变形协调条件，STM并不唯一。根据最小应变能准则，最优的STM应该是在一定的荷载作用和材料体积约束下，使结构的应变能达到最小。因此，基于最小应变能准则的拓扑优化方法成为STM研究的主要方法之一。

对于拉压杆模型的实际应用来说，构建合适的拉压杆模型并不是一件容易的事情。STM的构建方法大致可分为三大类，分别为传统方法、拓扑优化方法和图解静力学法。传统方法又包括弹性应力分布法、荷载路径法和这二者的结合法，而拓扑优化方法又分为桁架拓扑优化方法、连续体拓扑优化方法和这二者的结合法。

1. 基于传统方法的拉压杆模型研究

弹性应力分布法[127-128]以线弹性有限元分析得到的主应力迹线和截面应力分布为基础，将拉杆或压杆沿主应力的平均方向布置，而且将重要的拉杆或压杆置于截面应力图的重心位置。在不进行有限元分析的情况下，可以采用荷载路径法[124,128,139]。该方法的主要思路是将均布荷载或反力等效为多个集中荷载，并在荷载施加点和反力作用点形成若干条流线型的荷载路径，最后考虑平衡条件增加必要的拉杆或压杆而构建STM。

Vollum和Newman[140]对梁柱边节点的拉压杆模型进行研究，重点分析了压杆尺寸和节点力的计算方法。Tan等[141]建立了开洞深梁的拉压杆模型，并考虑了不同腹板配筋、开洞位置和大小对拉压杆模型的影响。Palmisano等[142]采用荷载路径法对缆索支承桥梁的力学行为进行阐述，并针对该类型桥梁提出了两种不同最优形状设计方法。Mezzina等[143]提出了一种基于STM的在平面内地震作用下钢筋混凝土梁式桥面板设计方法。该方法采用弹性应力分布法和荷载路径法来逐步修正初步的STM，并建议采用拓扑优化的方法对最终的STM进行验证。He等[144-145]编制了一套定量荷载路径模型的自动构建拉压杆模型的程序。该程序采用路径搜索算法实现了二维构件从应力场到拉压杆模型的自然过渡，但是在通用性和三维构件方面仍需要做进一步研究。He等[146]采用荷载路径法构建了在竖向剪力作用下的桥墩横隔梁的拉压杆模型，并提出了一种桥墩横隔梁的解析设计方法。

综上所述，传统方法的概念简单且形象直观，在对结构的力学行为的整体感知方面具有重要意义。然而该方法对设计者的直觉感知和工程经验有较高的要求，而且也不利于计算机程序的自动化。特别是对于应力较复杂的构件，需要设计者不断地试验，以形成最终的拉压杆模型。

2. 基于拓扑优化的拉压杆模型研究

为了克服传统方法的缺点，越来越多的研究人员采用拓扑优化的方法构建合适的拉压杆模型。

首先，采用的是基结构法。由于基结构法依赖一系列有限结点，这样会较大地缩小解的空间，使得最终结果可能不是全局最优，而是局部最优或奇异最优。关于该方法的详细内容参见综述文献［147］。

其次，随着连续体拓扑优化理论[8,23,37]的快速发展，ESO和SIMP方法被广泛应用于拉压杆模型研究。Liang等[148-150]将PBO方法成功应用于钢筋混凝土结构和预应力混凝土结构的拉压杆模型的研究。PBO方法将基于性能的设计概念和现代结构优化理论相结合，通过性能指数和基于性能的优化准则来保证优化结果为全局最优。Almeida等[151]将SESO方法用于拉压杆模型的研究，并与ESO方法在计算准确性和效率上进行了对比。在扩展ESO方法[152]的基础上，Victoria等[153]提出了一种等值线拓扑优化方法。该方法采用应力准则法逐渐删除低应力的单元，并采用移动立方体算法[154]（三维情况）或移动正方形算法（二维情况）形成优化后的结构边界。刘霞和易伟建[155]采用GESO算法构建钢筋混凝土平面构件的拉压杆模型，并在此基础上进行配筋优化。此后Victoria等[156]将考虑拉压不同模量的等值线拓扑优化方法用于拉压杆模型研究。Zhang等[157]采用分离单元模型的GESO方法对钢筋混凝土构件进行受力钢筋的布局优化，并证实了该方法可以有效减少钢筋用量。

Bruggi[158]成功地将SIMP方法应用于二维和三维构件拉压杆模型的研究。Du

等[159]在SIMP方法中引入双模量本构关系，提出了考虑拉压不同模量的拓扑优化方法，并成功将该方法应用于拉压杆模型中。Xia等[160]提出了一种用于不同拓扑优化的拉压杆模型的自动化评估方法。该方法采用桁架提取算法实现了从拓扑优化结果到桁架模型的自动化，并采用三个定量指标对STM进行评价。

为了充分利用桁架和连续体拓扑优化各自的优点，一些研究人员将以上两种方法相结合进行STM研究。为了正确反映在预应力钢筋的锚固区附近的劈裂应力，同时更合理地反映受力钢筋的离散分布状态，Gaynor等[161]提出了一种桁架和连续体的混合单元拓扑优化方法。该方法采用桁架单元和连续体单元分别模拟受拉钢筋和受压混凝土的受力情况，并将该方法应用于二维钢筋混凝土构件的拉压杆模型研究。Yang等[162]考虑了剪切模量对拉压不同模量有限元法的收敛影响，采用改进本构关系[163]将上述方法扩展到三维构件的拉压杆模型研究。Zhong等[164]提出了一种微桁架单元的ESO方法用来反映锚固区在压应力扩散过程中产生拉应力的现象。该方法用由8个结点22根轴力杆件构成的微桁架单元等效代替实体单元，采用轴力应力准则和能量的性能指数，自动构建不同偏心率情况下预应力钢筋锚固区的STM。随后Zhong等[165]又将微桁架单元的ESO方法应用于对带有洞口的梁拉压杆模型研究，并提出了由初步评估、详细评估和最终评估构成的一套评估体系。Zhong等[166]将微桁架单元的ESO扩展到三维情况，并通过后张拉锚固区、T形梁和箱形梁三个实例证明了该方法在构建三维STM的有效性和正确性。

3. 基于图解静力学的拉压杆模型研究

由于拓扑优化得到的结果可能较为复杂或者得到的STM是可变体系，一些研究人员采用图解静力学[167-168]进行桁架结构优化。顾名思义，图解静力学就是用矢量图求解静力学的方法。它的基本原理为力的平行四边形法则。它的核心思想为形图解和力图解的交互，即结构几何形状的改变会引起受力大小的变化，反之亦然。作为一种简易的结构分析方法，图解静力学与建筑设计和计算机技术相融合，逐步发展成一种在实践领域成熟的结构设计方法。关于图解静力学的发展历史和详细介绍详见文献[169-170]。Beghini等[171]提出了采用图解静力学的桁架结构优化方法。该方法采用力图解中的自由结点作为设计变量，通过梯度算法不断更新设计变量，采用更新后的力图解构建相应的形图解，从而获得最优桁架结构。该方法的优点是优化后的桁架结构一定是满足平衡条件的，而且不需要计算结构的刚度矩阵。然而该方法只适用于单荷载工况，对于实际应用，需要工程人员采用主要的荷载工况进行分析和设计，并对其余的荷载工况进行校核。Lee 等[172]将形状语法[173]与图解静力学相结合，提出适用于概念设计阶段的建筑和结构一体化的设计方法。Enrique 等[174]提出用于结构分析和设计平衡的荷载路径网格法。该方法从单节点空间结构的静定条件入手，采用有向无环图来构建一个静定的多节点荷载路径网格，通过荷载路径的管理和叠加以避免内力集中，从而达到荷载路径的优化。Mozaffari 等[175]将桁架拓扑优化和图解静力学相结合，用于混凝土结构 STM 的研究。该方法将代数图解静力学嵌入桁架拓扑优化中形成集成算法，并采用图解静力学产生符合实际工程的一系列 STM。

4. 基于静力试验的拉压杆模型研究

此外，还有研究人员对 STM 进行试验研究。Ley 等[176]采用不同的 STM 对开洞的缺口梁进行缩尺模型试验，得出 STM 是一种保守且富于弹性的设计方法。通过两种不同的缩尺模型，还对混凝土构件的尺寸效应进行了研究。Wang 等[177]采用 ESO 方法构建了体外预应力混凝土梁的 STM，并推导了抗剪承载力公式，最后通过试验验证了该公式的准确性。Mata-Falcón 等[178]对不同配筋的 15 种缺口梁进行试验研究，并在此基础上提出了考虑混凝土剥落破坏影响的两种简化 STM。Chen 等[179]对采用不同 STM 设计的异型混凝土深梁的力学性能、破坏模式和配筋设计的经济性进行试验研究，得出最优的 STM 不仅能够能提高构件的承载能力和减少钢筋的用量，还能延缓裂缝的形成和减小裂缝宽度的结论。Jewett 和 Carstensen[180]分别采用规范方法[131]和基于桁架和连续体的混合单元拓扑优化方法[161]得到不同 STM 设计的三组钢筋混凝土深梁构件，并进行对比试验研究。Abdul-Razzaq 等[181]对采用剪切摩擦法和 STM 设计的不同剪跨比牛腿进行试验，分别从开裂荷载、破坏荷载、变形和裂缝形式等方面进行了对比研究，得出在剪跨比在 1 至 2 时，STM 比剪切摩擦法更加符合试验结果的结论。关于 STM 的试验研究的更多内容详见专著［182］。

1.3 问题的提出

拉压杆模型历史悠久，理论完备；拓扑优化日新月。基于拓扑优化的拉压杆模型研究已经成为一种趋势。然而，对于实际工程，合适的拉压杆模型构建仍是一个难题，仍有许多亟须解决的问题。

（1）随着显式拓扑优化方法的蓬勃发展，MMC 拓扑优化方法在机械、汽车、航空航天、增材制造等领域均取得了成功，而在土木工程中的应用相对较少。鉴于组件和拉压杆的相似性，有必要对基于 MMC 二维拓扑优化的拉压杆模型进行研究，以检验用于拉压杆模型的 MMC 二维拓扑优化方法的有效性和效率。

（2）单荷载工况不能反映结构的实际受力状态，有必要对多荷载工况下基于 MMC 拓扑优化的 STM 进行研究；工程实际状况复杂多变，有必要研究不同工况下基于拓扑优化的拉压杆模型，以揭示复杂工况下结构的荷载传递机理，为工程设计提供有价值的建议。

（3）在保持最优拓扑和 STM 的几何拓扑一致性且尽可能地减少人为因素的前提下，如何实现从最优拓扑到 STM 的自动提取，是一个经常被忽视的重要问题。

（4）三维拓扑优化一直是拓扑优化领域的热点和难点。如何高效地进行拓扑优化，从而构建三维构件的 STM，也是一个值得深入研究的课题。

1.4　本书主要内容

以 MMC 拓扑优化为工具，构建了钢筋混凝土二维和三维构件的 STM，分析了支座约束和荷载条件对 STM 的影响，研究了桥梁横断面拓扑优化设计，建立了基于拓扑优化的拉压杆模型自动提取体系，并开发了相应的计算机程序。通过算例，高效地构建了二维和三维构件的 STM，揭示钢筋混凝土构件的荷载传递机理，为工程配筋优化设计提供科学依据。图 1.10 为本书的组织结构。本书的主要研究内容如下。

（1）分析 MMC 二维拓扑优化方法的效率，研究拓扑优化过程中主应力和配筋率变化规律，实现复杂构件的精细设计。

（2）研究多荷载工况下 MMC 二维拓扑优化理论和方法，探讨支座约束和荷载条件对基于拓扑优化的 STM 的影响，研究桥梁横断面最优拓扑设计，实现在复杂工况下 STM 的高效构建。

（3）建立由骨架提取、框架提取和形状优化构成的 STM 自动提取体系，研究适用于 MMC 优化结构的 Voronoi 提取法，研究以类桁架指标为约束的形状优化。

（4）在 MMC 三维拓扑优化的基础上，研究三维优化拓扑的有限元和优化求解效率，研究基于平均曲率流的拉普拉斯曲线骨架提取法。

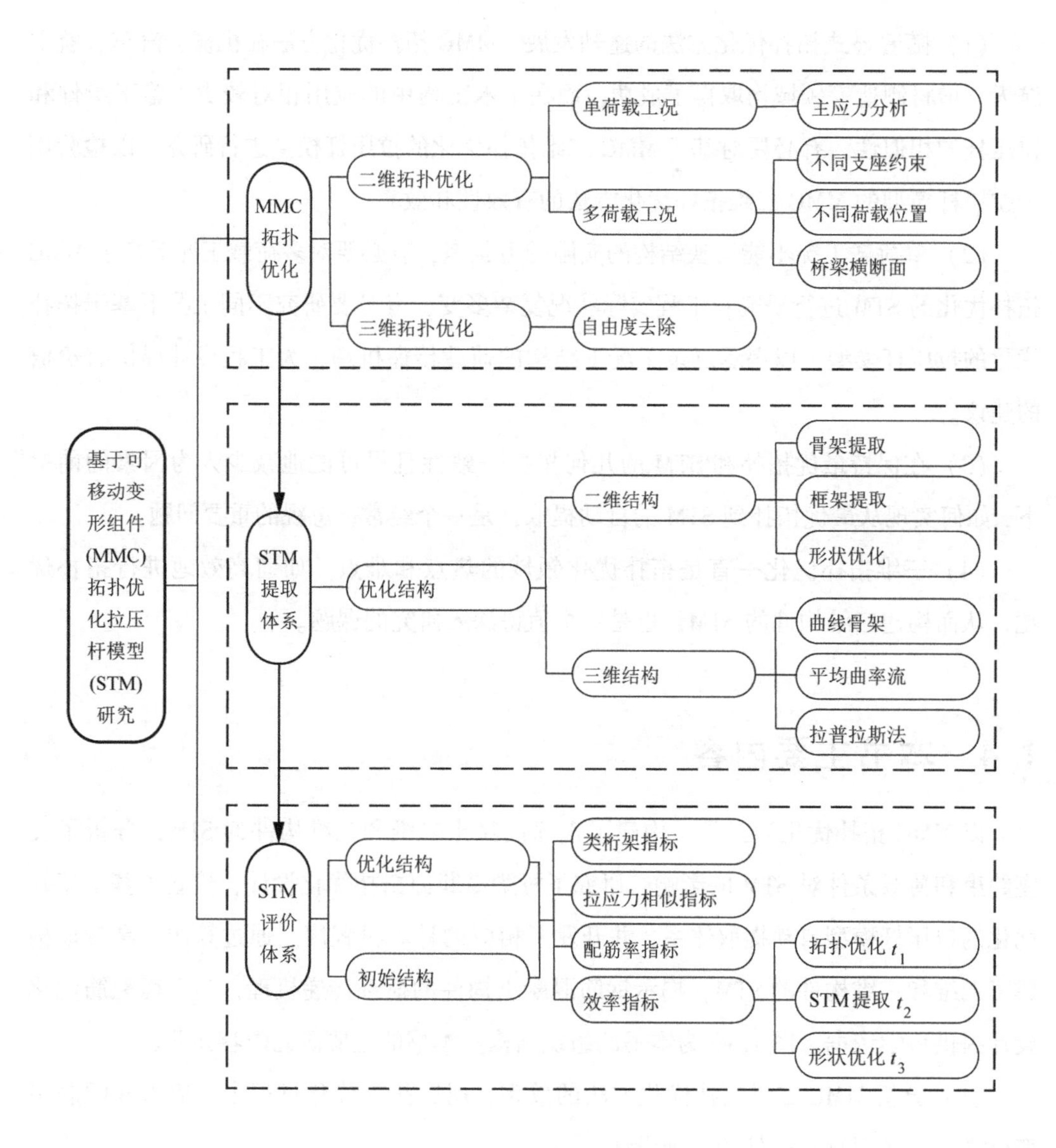

图 1.10　本书的组织结构

第2章　基于MMC二维拓扑优化的拉压杆模型

2.1　概述

在拉压杆模型分析方法中，拉压杆模型的承载力验算已相对成熟，然而简明且普适的拉压杆模型的构建方法仍然是一个难题。随着拓扑优化方法的蓬勃发展，基于拓扑优化的拉压杆模型研究成为一种趋势。它以最小应变能准则为基础，可以实现复杂结构构件的拉压杆模型的高效构建。

可移动变形的拓扑优化方法的基本思想是将一组可移动且可变形的组件来作为表达结构拓扑的基本单元，通过这些组件的移动、变形、交叉和重叠来模拟结构拓扑的变化。目前，基于MMC的拓扑优化方法已经在航空航天、机械工程、自动化和增材制造领域获得了成功应用。

基于组件和拉压杆的相似性，对基于MMC拓扑优化的拉压杆模型进行研究，对最小柔度问题和最小体积问题进行对比研究，考察了基于MMC拓扑优化的拉压杆模型的有效性和高效性。

2.2　二维结构的拓扑描述

2.2.1　二维组件的拓扑描述

在MMC的拓扑优化中，结构的拓扑是由一系列组件来描述的。首先，需要对一个组件的拓扑进行描述。其次，这种描述在本质上是拉氏描述（Eulerian description），即主要关注在某一固定位置是否有材料分布。最后，从数学的角度来看，也就是要判定一个固定点是在组件内部、边界还是在外部。一般来说，可由式（2.1）给出一个组件的拓扑描述函数（Topology Description Function，简称 TDF）。

$$\begin{cases}\chi_i(\boldsymbol{x})>0,\text{当 }\boldsymbol{x}\in\Omega_i\text{ 时},\\ \chi_i(\boldsymbol{x})=0,\text{当 }\boldsymbol{x}\in\partial\Omega_i\text{ 时},\\ \chi_i(\boldsymbol{x})<0,\text{当 }\boldsymbol{x}\in\Omega/(\Omega_i\cup\partial\Omega_i)\text{时。}\end{cases} \tag{2.1}$$

式中，χ_i（$\boldsymbol{x}$）为整体坐标系中第 i 个组件的拓扑描述函数；Ω_i 为第 i 个组件所在的平面域（简称组件域）；$\boldsymbol{x}$ 为设计域 Ω 中任意一点。将设计域进行有限单元离散后，$\boldsymbol{x}$ 表示在整体坐标系中的有限元结点坐标。

单个组件采用直线骨架厚度二次函数变化的几何形式，见图 2.1。组件可以采用其他形式，如直线骨架厚度均匀[99]和线性变化的组件，甚至是曲线骨架组件[183]。考虑到组件相交处的光滑过渡，兼顾便于形成拉压杆模型，本节采用图 2.1 的组件形式。

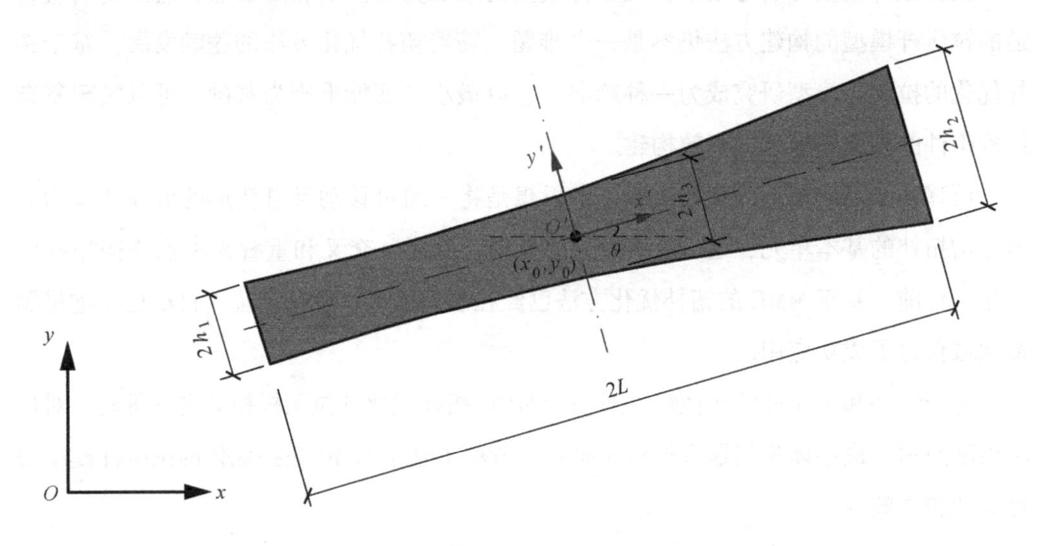

图 2.1　直线骨架厚度二次函数变化的组件几何描述

对于平面问题，单个组件的拓扑描述函数可以采用超椭圆的形式表达，如式（2.2）所示。

$$\chi_i(\boldsymbol{x})=\chi_i(x,y)=1-\left(\frac{x'}{L_i}\right)^p-\left(\frac{y'}{h_i(x')}\right)^p \tag{2.2}$$

其中

$$\begin{bmatrix} x' \\ y' \end{bmatrix} = \begin{bmatrix} \cos\theta_i & \sin\theta_i \\ -\sin\theta_i & \cos\theta_i \end{bmatrix} \begin{bmatrix} x - x_{0i} \\ y - y_{0i} \end{bmatrix} \tag{2.3}$$

和

$$h_i(x') = \frac{h_1 + h_2 - 2h_3}{2L_i^2}(x')^2 + \frac{h_2 - h_1}{2L_i}x' + h_3 \tag{2.4}$$

式中，(x,y)和(x',y')分别为整体和局部坐标系中点的位置坐标；(x_{0i},y_{0i})、L_i 和 θ_i 分别表示第 i 个组件的中心点平面坐标、半长轴和倾斜角（从 x 轴正方向逆时针方向旋转）；$h_i(x')$为局部坐标系（$x'o'y'$）中第 i 个组件的厚度；p 是一个相对较大的偶数，此处取 $p=6$。

2.2.2　二维结构的拓扑描述

在获得单个组件的拓扑描述函数后，可以确定某一固定点与多个组件所形成的空间的相对位置关系，即可以确定该固定点是在多个组件的在平面内、平面外还是在边界上。二维结构的拓扑可由结构拓扑描述函数得出，如式（2.5）所示。

$$\begin{cases} \chi_s(\boldsymbol{x}) > 0, & 当\ \boldsymbol{x} \in \Omega_s\ 时, \\ \chi_s(\boldsymbol{x}) = 0, & 当\ \boldsymbol{x} \in \partial\Omega_s\ 时, \\ \chi_s(\boldsymbol{x}) < 0, & 当\ \boldsymbol{x} \in \Omega/(\Omega_s \cup \partial\Omega_s)\ 时。 \end{cases} \tag{2.5}$$

式中，$\chi_s(\boldsymbol{x})$为整体坐标系中结构拓扑描述函数；Ω_s 为 nc 个组件所占的平面域（简称结构域），且为设计域 Ω 的一个子域。

采用求最大值函数来构建结构拓扑描述函数$\chi_s(\boldsymbol{x})$，如式（2.6）所示。

$$\chi_s(\boldsymbol{x}) = \max\left\{\chi_1(\boldsymbol{x}), \cdots, \chi_n(\boldsymbol{x})\right\} \tag{2.6}$$

图 2.2 为结构拓扑描述函数的构建过程。设计域 Ω 进行有限单元离散，形成一系列有限单元结点。结构域为两个组件域的并集。

总之，在基于可移动变形组件的拓扑优化中，二维结构的拓扑可用一个设计变量 $\boldsymbol{d} = (\boldsymbol{d}_1^{\mathrm{T}}, \cdots, \boldsymbol{d}_i^{\mathrm{T}}, \cdots, \boldsymbol{d}_{nc}^{\mathrm{T}})^{\mathrm{T}}$ 来确定。对于平面问题，$\boldsymbol{d}_i = (x_{0i}, y_{0i}, L_i, h_1, h_2, h_3, \sin\theta_i)^{\mathrm{T}}$。

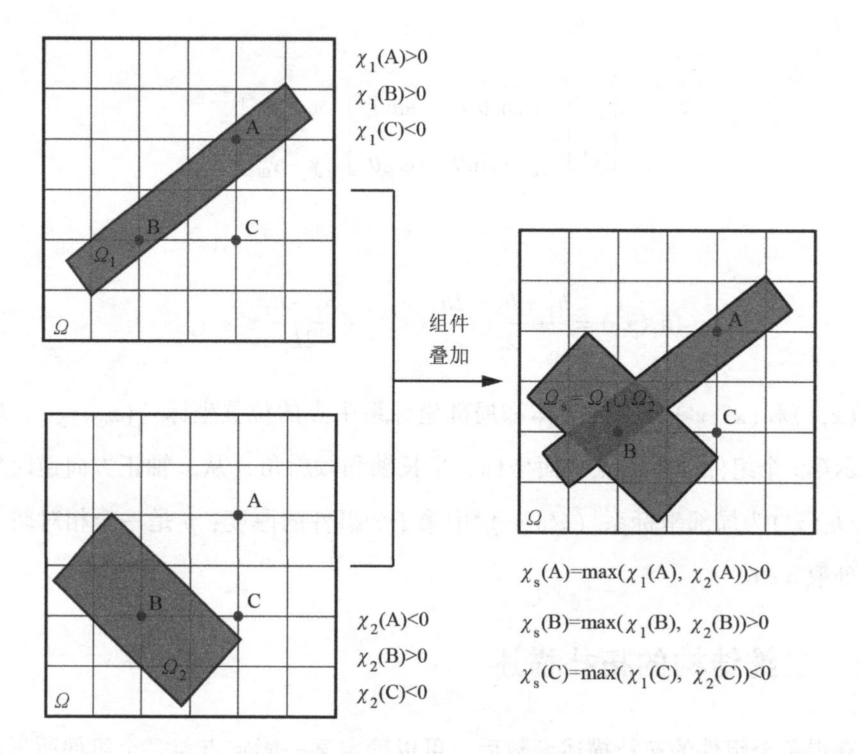

图 2.2　结构拓扑描述函数的构建过程

2.3　平面问题拓扑优化列式

2.3.1　最小柔度问题与最小体积问题

在相同的荷载和边界条件下，同一结构的拉压杆模型并不是唯一的。这是由于拉压杆模型只满足了平衡条件和本构关系，并不满足变形协调条件。根据《欧洲规范 2：混凝土结构设计—第 1－1 部分：一般规程与建筑设计规范》[132] 的要求，应该采用能量准则对不同的拉压杆模型进行优化。具体来说，最优的拉压杆模型应该具有最小的应变能，即最小的柔度。因此，通常将符合拉压杆模型的问题转化为一个在材料体积约束下实现最小柔度目标的优化问题，简称最小柔度问题。

在混凝土结构的实际问题中，结构或构件的最大位移已经在相关规范中给出，即对结构或构件的柔度已经有所限定。从这个角度来看，也可将上述问题转换为一个在柔度约束下实现材料使用量最小目标的优化问题，简称最小体积问题。

上述的这两种优化问题实际上是把目标和约束函数进行互换。对于单目标单约束优化问题，这两种优化问题应该是等价的，即这两种优化问题得到的最优拓扑基本是一致的。这是因为起作用的目标函数和起作用的约束函数是相对应的[147]。这两种不同的优化列式是因对同一个问题的不同的理解而产生的，但它们应该会产生相同的结果。事实上，在文献中这两种优化列式都被采用。对于相同的设计条件，产生的优化结果基本相同。关于这一问题，仍然值得进行深入的理论分析。类似地，乔廷赫[184]分别对在体积约束下以柔度最小为目标和以最大位移最小为目标的优化模型进行了研究，得出在以强度要求为主的设计中以柔度最小为目标的模型较为合适；在以刚度要求为主的设计中以几何平均位移（作为最大位移的较好近似）最小为目标的模型较为合适。在混凝土结构设计中，构件刚度一般通过构造要求得到保证，而构件强度需要通过计算承载能力来进行强度校核。因此本节主要采用在体积约束下最小柔度的优化列式。关于最小柔度和最小体积两种优化问题的比较分析，会在数值算例中进一步地探讨。

2.3.2　拓扑优化列式

考虑体积约束下最小柔度拓扑优化问题，拓扑优化列式用张量，如式（2.7）所示。

$$
\begin{aligned}
&\text{寻　找}\quad \boldsymbol{d}=(\boldsymbol{d}_1^{\mathrm{T}},\cdots,\boldsymbol{d}_{nc}^{\mathrm{T}})^{\mathrm{T}}\\
&\text{最小化}\quad C=\int_{\Omega}\boldsymbol{f}\cdot(u)\,\mathrm{dV}+\int_{\Gamma_t}\boldsymbol{T}\cdot\boldsymbol{u}\,\mathrm{dS}\\
&\text{满　足}\quad \int_{\Omega}\epsilon(\boldsymbol{u}):\mathrm{E}:\epsilon(\boldsymbol{v})\,\mathrm{d}V=\int_{\Omega}\boldsymbol{T}\cdot\boldsymbol{v}\,\mathrm{dS},\ \forall\boldsymbol{v}\in U_{\mathrm{ad}},\\
&\qquad\qquad V=V(\boldsymbol{d})/V_0-\bar{V}\leqslant 0,\\
&\qquad\qquad \boldsymbol{d}\subseteq U_{\mathrm{d}},\\
&\qquad\qquad \boldsymbol{u}=\bar{\boldsymbol{u}},\ \mathrm{on}\,\Gamma_u。
\end{aligned}
\tag{2.7}
$$

式中，C 为拓扑优化问题的柔度目标函数；ϵ 为应变张量；E 为材料的弹性张量；$\boldsymbol{f}$ 和 $\boldsymbol{T}$ 分别为作用在结构上的体力和作用在诺依曼（Neumann）边界 Γ_t 上的面力；$\boldsymbol{u}$ 和 $\boldsymbol{v}$ 分别为结构位移场和相应的试函数；$\bar{\boldsymbol{u}}$ 是在狄里克雷（Dirichlet）边界 Γ_u 上的给定的位移；V_0 和 $\bar{V}$ 分别为设计域 Ω 的体积和容许体积比（容许的实体材料与设计域体积之比)；V为拓扑优化问题的体积比约束函数，体积比是指$V(\boldsymbol{d})$与V_0之比；U_{d}为设计变量$\boldsymbol{d}$的容许集。为了讨论的简化，本节中取$\bar{\boldsymbol{u}}=0$和$\boldsymbol{f}=0$。其中弹性张量，如式(2.8)所示。

$$\mathrm{E}=\frac{E}{1+\mu}\left[\mathrm{I}+\frac{\mu}{1-2\mu}\delta\otimes\delta\right] \tag{2.8}$$

式中，I和δ分别为四阶和二阶同性张量；E和μ分别为材料的弹性模量和泊松比。对于平面问题，弹性张量的矩阵形式，即弹性矩阵$\boldsymbol{D}^*$，如式(2.9)所示。

$$\boldsymbol{D}^*=\frac{E}{1-\mu^2}\begin{bmatrix}1 & \mu & 0\\ \mu & 1 & 0\\ 0 & 0 & \frac{1-\mu}{2}\end{bmatrix} \tag{2.9}$$

2.4 数值实现

2.4.1 平面问题有限单元分析

通过有限单元法求解二维结构在荷载作用下的响应，采用平面四结点等参单元来离散设计域。所有的组件采用相同的材料类型，即混凝土。图2.3为平面问题虚假材料模型示意图。在划分有限元网格后，有限元结点部分位于组件内部，部分位于组

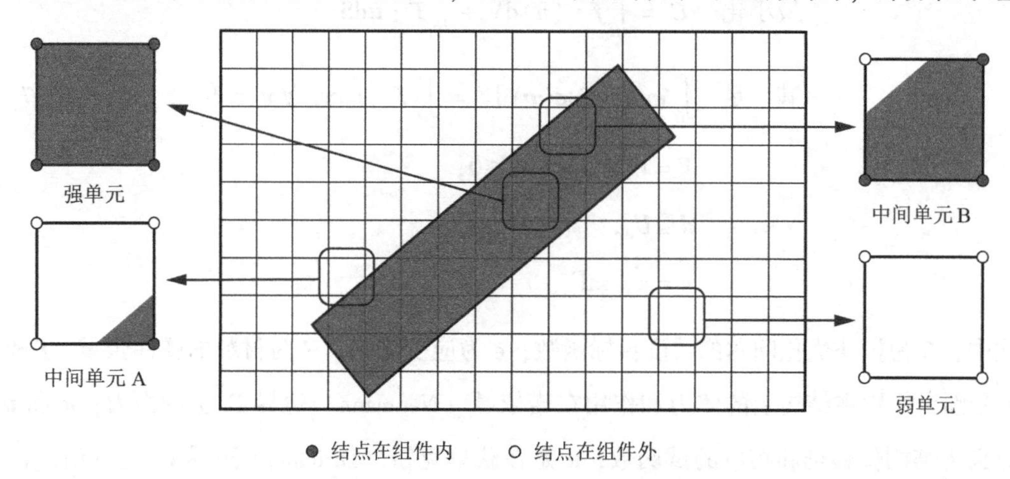

图2.3 平面问题虚假材料模型

件外部。有限单元也划分为完全位于组件内部的强单元、部分位于组件内部的中间单元和全部位于组件外部的弱单元。严格地说，应该按材料填充单元的面积比例来计算单元弹性模量。为了数值计算的方便，单元 e 的虚假弹性模量一般按式（2.10）计算。

$$E_e^i = \frac{1}{4}\sum_{j=1}^{4}\left(H(\chi_j^e)\right)^q E \tag{2.10}$$

式中，E 为材料的弹性模量；$\chi_j^e(j=1,\cdots,4)$ 为结构拓扑描述函数 χ_s 在单元 e 的四个结点处的取值；q 为一个正整数，取 $q=2$；其中 H 为单位阶跃函数，如式（2.11）所示。

$$H(x)=\begin{cases}1, & \text{当 } x>\omega \text{ 时；}\\ \dfrac{3(1-\alpha)}{4}\left(\dfrac{x}{\omega}-\dfrac{x^3}{3\omega^3}\right)+\dfrac{1+\alpha}{2}, & \text{当 } -\omega\leqslant x\leqslant\omega \text{ 时；}\\ \alpha, & \text{当 } x>\omega \text{ 时。}\end{cases} \tag{2.11}$$

式中，ω 为控制阶跃区间大小的参数，其取值与有限单元的大小有关；α 为一个较小的正数，其目的是确保整体刚度矩阵的非奇异性，通常取 $\alpha=0.001$。

经计算，图2.3中各类单元的虚假弹性模量分别为 E（强单元），$\frac{3\alpha^2+1}{4}E$（中间单元A），$\frac{\alpha^2+3}{4}E$（中间单元B）和 α^2E（弱单元）。

基于虚假材料模型的单元的刚度矩阵 $\boldsymbol{K}_e$，如式（2.12）所示。

$$\boldsymbol{K}_e = \frac{1}{4}\sum_{j=1}^{4}\left(H(\chi_j^e)\right)^q\boldsymbol{K}_e^* = \frac{1}{4}\sum_{j=1}^{4}\left(H(\chi_j^e)\right)^q\int_{\Omega_e}\boldsymbol{B}^{\mathrm{T}}\boldsymbol{D}^*\boldsymbol{B}\mathrm{d}V \tag{2.12}$$

式中，$\boldsymbol{K}_e^*$ 和 $\boldsymbol{D}^*$ 分别为单元刚度矩阵和弹性矩阵；$\boldsymbol{B}$ 为平面问题单元应变矩阵；Ω_e 为单元所在平面域。

为了进一步考察在拓扑优化过程中单元应力的变化过程，需进行应力分析。对于平面四结点等参单元，单元的应变如式（2.13）所示。

$$\boldsymbol{\varepsilon} = \begin{bmatrix}\varepsilon_x & \varepsilon_y & \gamma_{xy}\end{bmatrix}^{\mathrm{T}} = \boldsymbol{B}\boldsymbol{u}_e \tag{2.13}$$

其中应变矩阵 $\boldsymbol{B}$，如式（2.14）所示。

$$\boldsymbol{B}=\begin{bmatrix} \frac{\partial N_1}{\partial x} & 0 & \frac{\partial N_2}{\partial x} & 0 & \frac{\partial N_3}{\partial x} & 0 & \frac{\partial N_4}{\partial x} & 0 \\ 0 & \frac{\partial N_1}{\partial y} & 0 & \frac{\partial N_2}{\partial y} & 0 & \frac{\partial N_3}{\partial y} & 0 & \frac{\partial N_4}{\partial y} \\ \frac{\partial N_1}{\partial y} & \frac{\partial N_1}{\partial x} & \frac{\partial N_2}{\partial y} & \frac{\partial N_2}{\partial x} & \frac{\partial N_3}{\partial y} & \frac{\partial N_3}{\partial x} & \frac{\partial N_4}{\partial y} & \frac{\partial N_4}{\partial x} \end{bmatrix} \tag{2.14}$$

单元的应力，如式（2.15）所示。

$$\boldsymbol{\sigma}=[\sigma_x \sigma_y \tau_{xy}]^{\mathrm{T}}=\boldsymbol{DBu}_e=\boldsymbol{Su}_e \tag{2.15}$$

其中应力矩阵 $\boldsymbol{S}$，如式（2.16）所示。

$$\boldsymbol{S}=\frac{E}{1-\mu^2}\begin{bmatrix} \frac{\partial N_1}{\partial x} & \mu\frac{\partial N_2}{\partial y} & \frac{\partial N_2}{\partial x} & \mu\frac{\partial N_2}{\partial y} & \frac{\partial N_3}{\partial x} & \mu\frac{\partial N_3}{\partial y} & \frac{\partial N_4}{\partial x} & \mu\frac{\partial N_4}{\partial y} \\ \mu\frac{\partial N_1}{\partial x} & \frac{\partial N_1}{\partial y} & \mu\frac{\partial N_2}{\partial x} & \frac{\partial N_2}{\partial y} & \mu\frac{\partial N_3}{\partial x} & \frac{\partial N_3}{\partial y} & \mu\frac{\partial N_4}{\partial x} & \frac{\partial N_4}{\partial y} \\ \frac{1-\mu}{2}\frac{\partial N_1}{\partial y} & \frac{1-\mu}{2}\frac{\partial N_1}{\partial x} & \frac{1-\mu}{2}\frac{\partial N_2}{\partial y} & \frac{1-\mu}{2}\frac{\partial N_2}{\partial x} & \frac{1-\mu}{2}\frac{\partial N_3}{\partial y} & \frac{1-\mu}{2}\frac{\partial N_3}{\partial x} & \frac{1-\mu}{2}\frac{\partial N_4}{\partial y} & \frac{1-\mu}{2}\frac{\partial N_4}{\partial x} \end{bmatrix} \tag{2.16}$$

式中，$N_i(i=1,\cdots,4)$为形函数；$\boldsymbol{D}$ 为对应于虚假材料的弹性矩阵。

平面单元的主应力，如式（2.17）所示。

$$\left\{\begin{matrix}\sigma_1 \\ \sigma_2\end{matrix}\right. =\frac{\sigma_x+\sigma_y}{2}\pm\sqrt{\left(\frac{\sigma_x-\sigma_y}{2}\right)^2+\tau_{xy}^2} \tag{2.17}$$

式中，σ_1 和 σ_2 分别为最大主应力和最小主应力，主应力的符号以受拉为正，受压为负。当 $\sigma_1>0$ 且 $\sigma_1>-\sigma_2/\mu$ 时，受力单元为受拉单元，其余单元为受压单元。

作为一种塑性分析方法，在结构设计中拉压杆模型应该使受拉杆件总长度最短，构件的配筋率在满足最小配筋率前提下达到最小。在最小柔度拓扑优化中，为了总结构件配筋率的变化规律，对配筋率进行如下定义，如式（2.18）所示。

$$\rho_{\mathrm{s}}=\frac{1}{V_0}\sum_{i=1}^{N_{\mathrm{t}}}\frac{\sigma_{1i}}{f_y}V_{\mathrm{t}i} \tag{2.18}$$

式中，σ_{1i}、V_{ti}分别为第 i 个受拉单元的最大主应力和体积；N_t 为受拉单元的数量；f_y 为受拉钢筋的屈服强度。为了计算方便，f_y统一取为 360 MPa。

因此，优化列式（2.7）中的目标函数、等式和不等式约束函数可进一步表示为

$$C = \int_{\Omega} H\left(\chi_{\mathrm{s}}(\boldsymbol{x};\boldsymbol{d})\right)\boldsymbol{f}\cdot\boldsymbol{u}\mathrm{d}V + \int_{\Gamma_t}\boldsymbol{T}\cdot\boldsymbol{u}\mathrm{d}S \tag{2.19a}$$

$$\int_{\Omega} H\left(\chi_{\mathrm{s}}(\boldsymbol{x};\boldsymbol{d})\right)\boldsymbol{\epsilon}(\boldsymbol{v}):\mathrm{E}:\boldsymbol{\epsilon}(\boldsymbol{v})\,\mathrm{d}V = \int_{\Omega} H\left(\chi_{\mathrm{s}}(\boldsymbol{x};\boldsymbol{d})\right)\boldsymbol{f}\cdot\boldsymbol{u}\mathrm{d}V + \int_{\Gamma_t}\boldsymbol{T}\cdot\boldsymbol{v}\mathrm{d}S,\ \forall\boldsymbol{v}\in U_{\mathrm{ad}} \tag{2.19b}$$

$$V = \left[\int_{\Omega} H\left(\chi_{\mathrm{s}}(\boldsymbol{x};\boldsymbol{d})\right)\mathrm{d}\mathrm{V}\right]/\mathrm{V}_0 - \overline{\mathrm{V}} \leqslant 0 \tag{2.19c}$$

2.4.2 灵敏度分析

在优化问题中，灵敏度分析主要是指对目标函数和约束函数的导数进行求解。在基于梯度的优化算法中，需要将灵敏度信息传递给最优化求解程序来寻找最优的目标函数值。在有限单元离散后，拓扑优化列式（2.7）用矩阵形式表示如下。

$$\begin{aligned}
&\text{寻 找}\quad \boldsymbol{d}=(\boldsymbol{d}_1^{\mathrm{T}},\cdots,\boldsymbol{d}_{nc}^{\mathrm{T}})^{\mathrm{T}}\\
&\text{最小化}\quad C=\boldsymbol{F}^{\mathrm{T}}\boldsymbol{u}=\boldsymbol{u}^{\mathrm{T}}\boldsymbol{K}\boldsymbol{u}=\sum_{e=1}^{NE}\boldsymbol{u}_e^{\mathrm{T}}\boldsymbol{K}_e\boldsymbol{u}_e\\
&\text{满 足}\quad \boldsymbol{K}\boldsymbol{u}-\boldsymbol{F}=\boldsymbol{0},\\
&\qquad\quad V=\left(\sum_{e=1}^{NE}\sum_{j=1}^{4}H(\chi_j^e)V_e\right)\Big/(4V_0)-\overline{V}\leqslant 0,\\
&\qquad\quad \boldsymbol{d}\subseteq U_{\mathrm{d}},\\
&\qquad\quad \boldsymbol{u}=\overline{\boldsymbol{u}},\ on\Gamma_{\mathrm{u}}\text{。}
\end{aligned} \tag{2.20}$$

式中，$\boldsymbol{u}_e$ 为单元位移列阵；$\boldsymbol{K}_e$ 为采用虚假材料模量后的单元刚度矩阵；$\boldsymbol{K}$ 为采用虚假材料模量后的结构整体刚度矩阵 $\boldsymbol{F}$ 为结构的荷载列阵；V_e 为有限单元的体积；NE 为有限单元总数。

假定用 a 表示任意一个设计变量，则目标函数的灵敏度可表示如下。

$$\frac{\partial C}{\partial a} = \sum_{e=1}^{NE}\left(\frac{\partial \boldsymbol{u}_e^{\mathrm{T}}}{\partial a}\boldsymbol{K}_e\boldsymbol{u}_e + \boldsymbol{u}_e^{\mathrm{T}}\frac{\partial \boldsymbol{K}_e}{\partial a}\boldsymbol{u}_e + \boldsymbol{u}_e^{\mathrm{T}}\boldsymbol{K}_e\frac{\partial \boldsymbol{u}_e}{\partial a}\right) \tag{2.21}$$

对单元平衡方程 $\boldsymbol{K}_e\boldsymbol{u}_e=\boldsymbol{F}_e$ 两边对 a 取偏导，得

$$\frac{\partial \boldsymbol{K}_e}{\partial a}\boldsymbol{u}_e + \boldsymbol{K}_e\frac{\partial \boldsymbol{u}_e}{\partial a} = \frac{\partial \boldsymbol{F}_e}{\partial a} \tag{2.22}$$

由于单元荷载列阵 $\boldsymbol{F}_e$ 与设计变量是相互独立的，因此

$$\frac{\partial \boldsymbol{F}_e}{\partial a}=0 \tag{2.23}$$

将式（2.22）和式（2.23）代入式（2.21）中，可得

$$\frac{\partial C}{\partial a}=-\sum_{e=1}^{NE}\boldsymbol{u}_e^{\mathrm{T}}\frac{\partial \boldsymbol{K}_e}{\partial a}\boldsymbol{u}_e \tag{2.24}$$

再将式（2.12）代入式（2.24）中，可得

$$\frac{\partial C}{\partial a}=-\frac{1}{4}\left[\sum_{e=1}^{NE}\sum_{j=1}^{4}q\left(H(\chi_j^e)\right)^{q-1}\frac{\partial H(\chi_j^e)}{\partial a}\right]\boldsymbol{u}_e^{\mathrm{T}}\boldsymbol{K}_e^{*}\boldsymbol{u}_e \tag{2.25}$$

对式（2.20）中的不等式约束函数取偏导，可得

$$\frac{\partial V}{\partial a}=-\frac{V_e}{4}\sum_{e=1}^{NE}\sum_{j=1}^{4}\frac{\partial H\left(\chi_j^e\right)}{\partial a} \tag{2.26}$$

因此，灵敏度分析的关键在于对$\frac{\partial H(\chi_j^e)}{\partial a}$的计算。在数值分析中，采用有限差商$\frac{\Delta H(\chi_j^e)}{\Delta a}$来近似计算$\frac{\partial H(\chi_j^e)}{\partial a}$。

2.4.3 最优化算法

最优化算法主要分三类：最优准则法（Optimality Criteria method，简称 OC 法）、数学规划法和人工智能算法。

OC 法最早是基于一些简明实用的设计准则而提出的，如桁架结构拓扑优化中的满应力准则和均匀应变能准则。事实上，OC 法和优化问题的必要性最优条件（Karush-Kuhn-Tucker，简称 KKT）密切相关。对于单约束（除设计变量上下限约束外）单目标的优化问题，可以从 KKT 条件推导出最优设计准则，进而构造固定点格式的迭代算法，如 SIMP 中的 OC 法[57]。因此，OC 法求解效率高，但不适用于多约束的复杂拓扑优化问题。基于 MMC 的拓扑优化的设计变量个数虽然较 SIMP 方法少，但是变量的类型（坐标、长度和角度）增多，很难构造出固定点格式的迭代算法，故不适合采用 OC 法。

数学规划法又分为通用数值优化方法和模型近似技术。通用数值优化方法[4,185]针对不同类型的优化问题可以采用不同的优化算法。例如，对无约束优化问题可采用最速下降法、共轭梯度法、牛顿法和伪牛顿法；对约束优化问题可采用外点罚函数法、内点罚函数法和乘子罚函数法，也可以采用可行方向法和梯度投影法。大多数拓扑优化是隐式的非凸且非线性优化问题。在优化求解过程中，需要通过有限元分析反复求解结构的位移响应，进而计算目标函数和约束函数的值。若要满足收敛条件，结构重分析的次数可能会非常多。因此，需要发展模型近似技术，以减少结构有限元分析次数，提高优化求解的效率。

模型近似技术包括序列规划算法和响应表面法或代理模型法。响应表面法或代理模型法是基于目标函数在整个设计空间内的响应构造原问题的整体近似插值模型并进行求解。该方法不需要灵敏度分析，通常只适用于设计变量较少的优化问题，不适用于拓扑优化方法。序列规划算法是基于当前设计点及其灵敏度信息构造原问题的局部近似模型进行序列求解。本节采用的移动渐近线法[186]（Method of Moving Asymptotes，简称 MMA）就是一种序列规划算法，其在原理上与序列二次规划法类似。该方法特别适用于设计变量非常大（如1万至10万）、约束函数相对较少的拓扑优化问题。MMA历经三个版本，从非全局收敛的最初版本[186]，到全局收敛但收敛速度较慢的中期版本[187]，最后达到收敛于KKT点的成熟版本[188]。本书采用MMA的最终成熟版本进行所有的优化求解。

人工智能算法包括遗传算法、神经网络算法、模拟退火算法、禁忌搜索算法、蚁群算法、粒子群算法和数论网格法等[189-191]。人工智能算法不需要梯度信息，可以找到全局的最优解。然而在设计变量较多时，人工智能算法求解效率非常低。因此，在拓扑优化中一般不采用人工智能算法。

2.5　数值算例

本节通过混凝土结构中深梁、单侧牛腿和双侧牛腿算例，探讨 MMC 拓扑优化方法构建拉压杆模型的有效性和高效性。本节的工作是在188行拓扑优化代码[101]的基础上开展的。全书采用的软件版本为 MATLAB R2016a，笔记本电脑的参数为 Intel Core i7-7700CPU @2.80GHz 和 8GB RAM。根据拉压杆模型的惯例，粗实线表示拉杆，粗虚线表示压杆。在应力分析中，单元应力的大小采用不同的灰度表示，拉杆在图中注明。在本书中，构件尺寸标注以 mm 为单位，坐标轴刻度以 m 为单位。

在拓扑优化中，混凝土的弹性模量 $E=28\ 567$ MPa，泊松比 $\mu=0.15$，构件的厚度 $t=300$ mm，这些参数的选取主要是为了便于与已有成果[148,158]进行比较。为了获得类桁架的布置，一般采用较小的容许体积比，如 $\overline{V}=0.35$。有限元分析采用四结点等参平面应力单元。

2.5.1 简支深梁

本小节考虑一个典型的 D 区域，即简支深梁。几何尺寸和荷载情况见图 2.4。情况 1 在梁上部跨中作用一个竖向集中荷载，情况 2 在梁上部作用两个竖向荷载。在有限元分析中，单元的尺寸为 25 mm×25 mm。

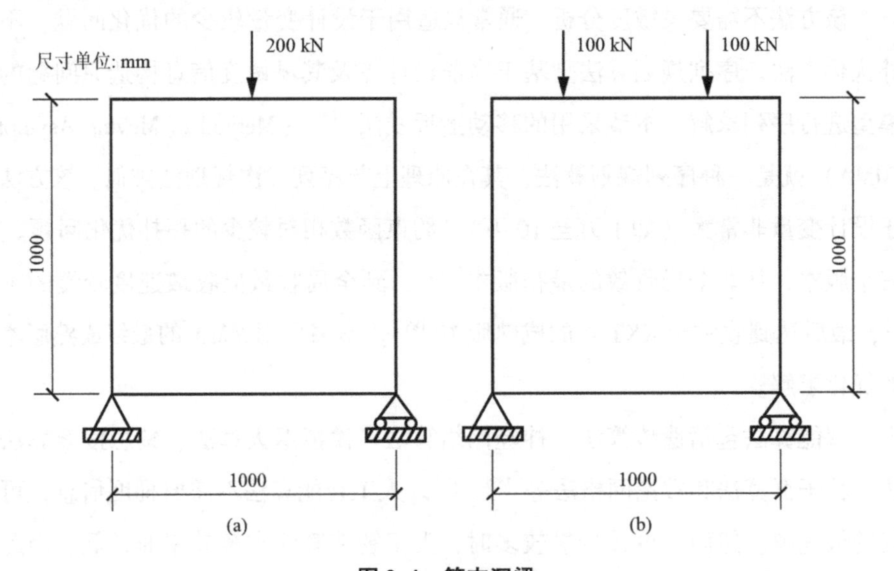

图 2.4 简支深梁

（a）单个竖向荷载，（b）两个竖向荷载

首先，在情况 1 中对最小柔度问题与最小体积问题进行了比较。最小体积问题是由式（2.7）中的目标和约束函数而得到。需要指出的是，柔度的约束实际上是限制在荷载作用处的位移不超过一定的数值。在表 2.1 中列出了在构建拉压杆模型过程中一些关键信息。由表 2.1 可知，在相同的迭代步，两类问题的拓扑是基本一致的，而且最优拓扑几乎相同。更重要的是，在容许体积比为 0.35 时，最小柔度值为 44.13 J（对应于在荷载作用处产生 0.22 mm 的竖向位移），而在荷载作用处竖向位移不超过 0.22 mm 的约束下，可达到的最小材料体积比为 0.36。这是一个非常有趣的现象。虽然不能从理论给出严格的证明，但是这并非毫无根据。这是因为最小柔度问题在取得最优解时，如果最小目标函数值与起作用的约束相对应时，这一问题的逆问题（最小体积问题）也应该给出相同的最优解。图 2.5 给出了这两类问题的收敛曲线。

表 2.1　深梁在一个竖向荷载作用下最小柔度和最小体积问题的比较

简支深梁	最小柔度问题	最小体积问题
最小值	44.13 J	0.36
迭代次数	138	155
初始拓扑	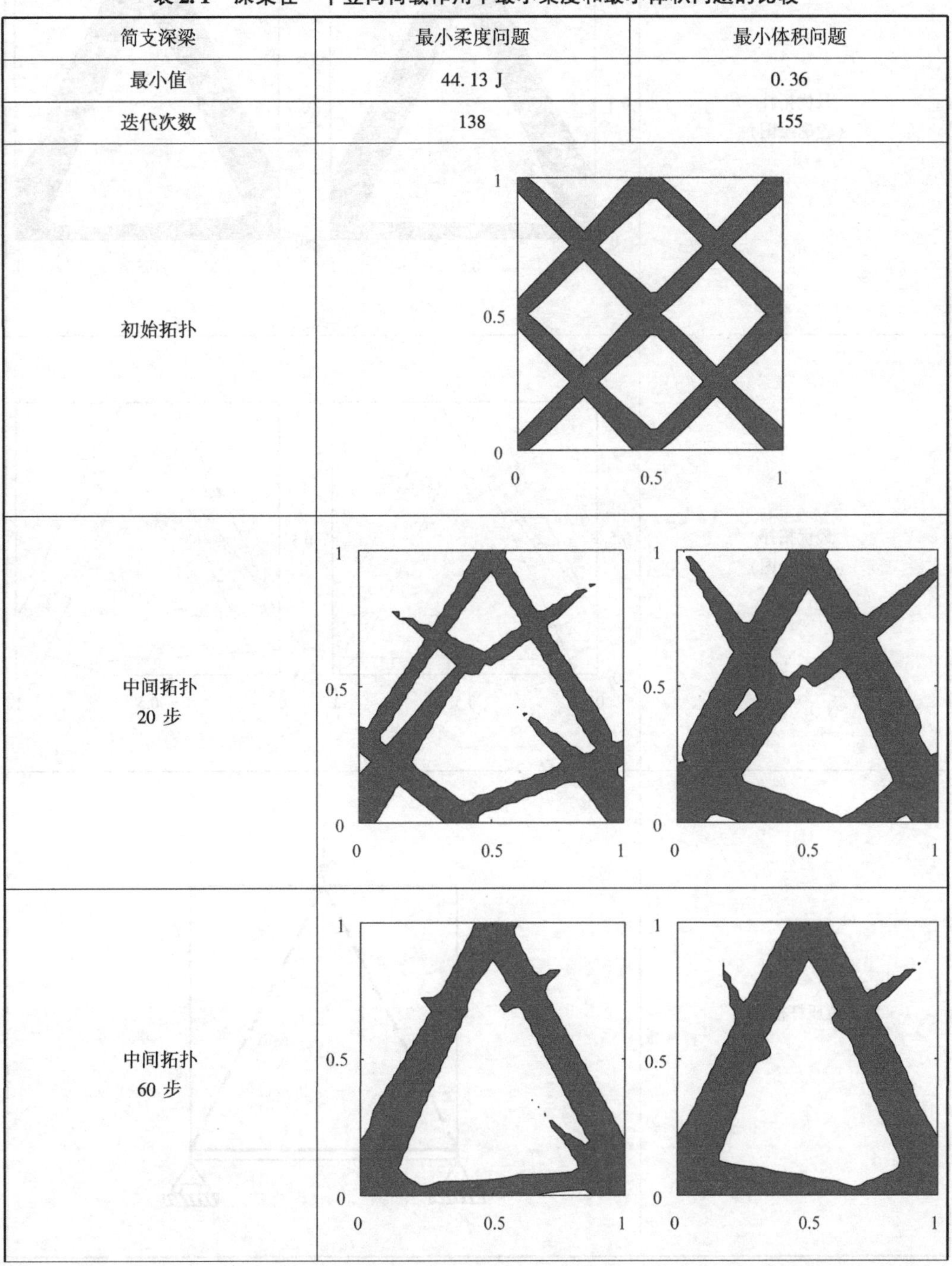	
中间拓扑 20 步		
中间拓扑 60 步		

（续表）

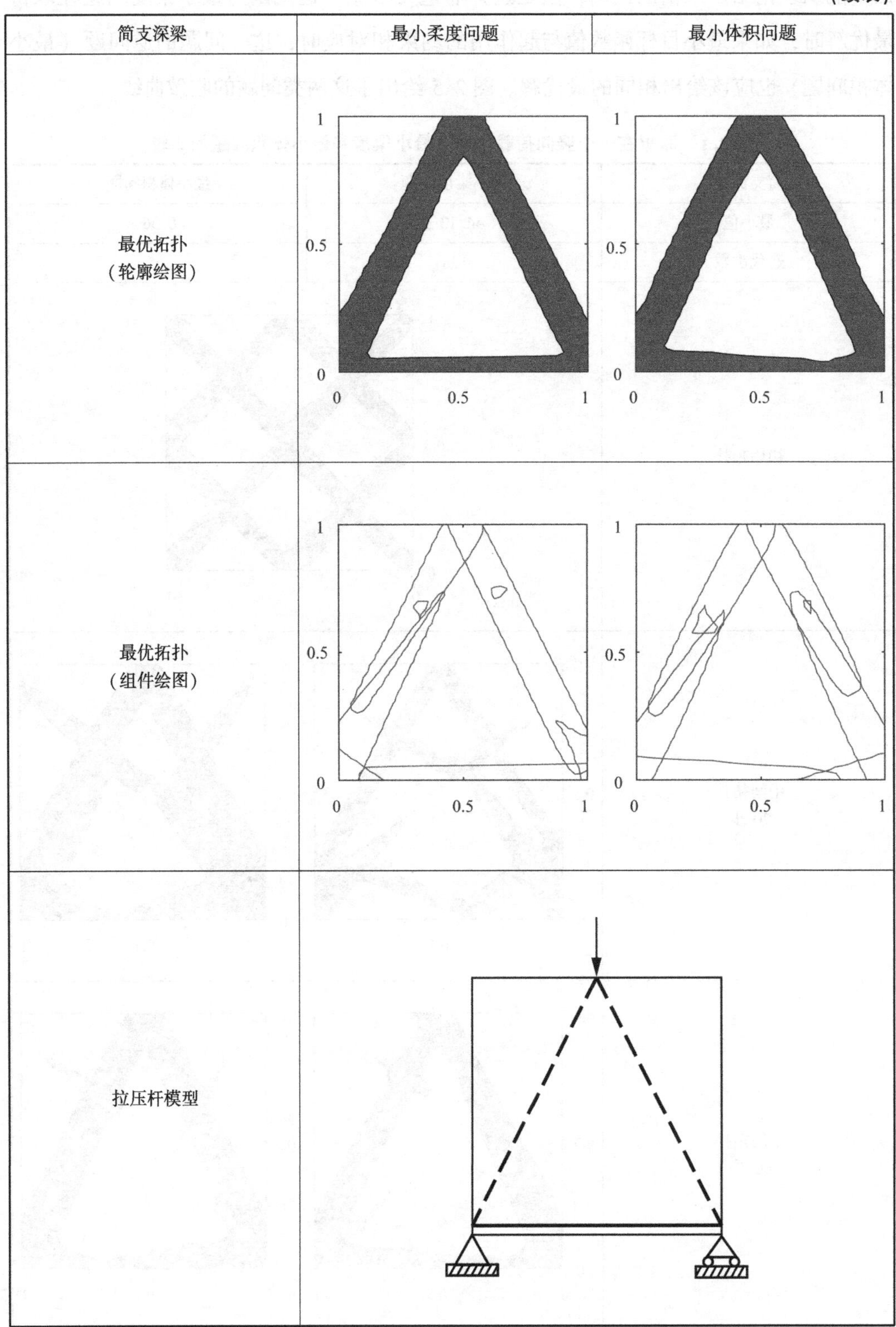

简支深梁	最小柔度问题	最小体积问题
最优拓扑 （轮廓绘图）		
最优拓扑 （组件绘图）		
拉压杆模型		

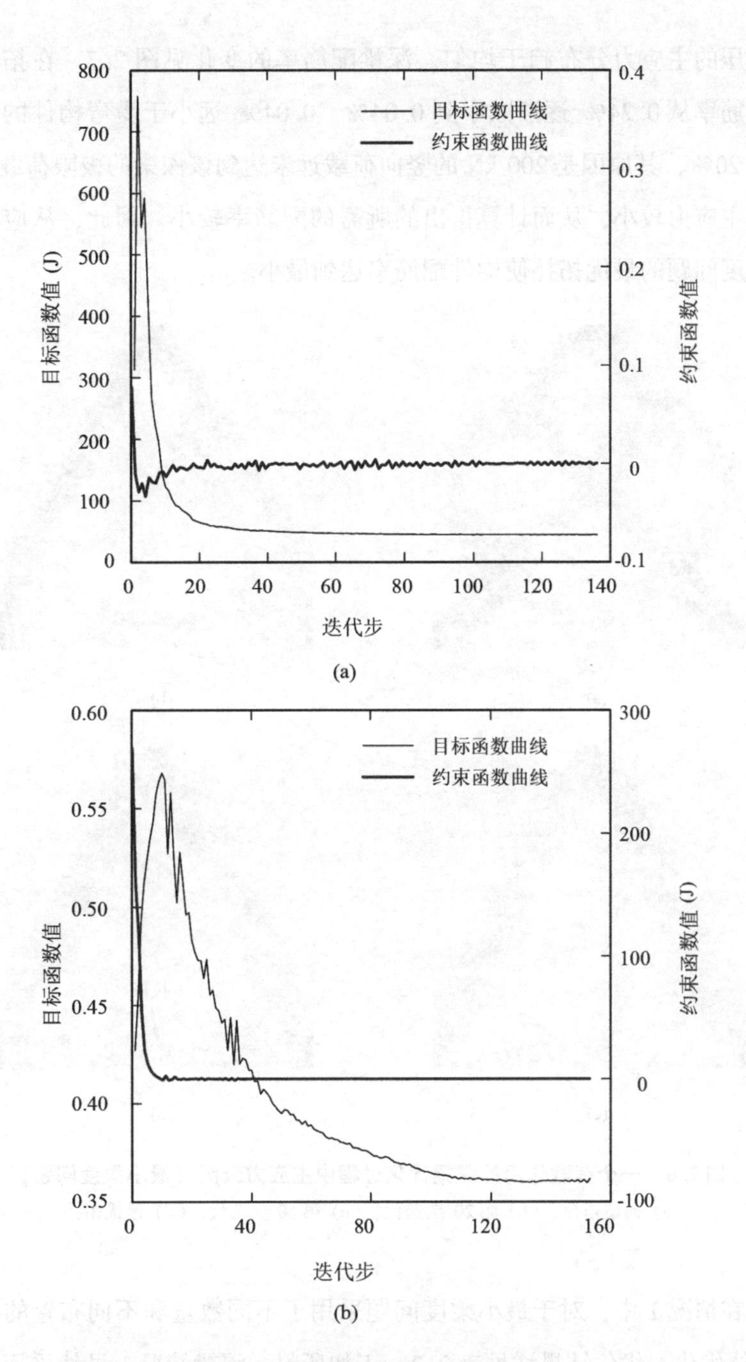

图 2.5 深梁两类问题的收敛曲线

(a) 最小柔度问题，(b) 最小体积问题

此外，对于最小柔度问题，一个竖向荷载作用的深梁主应力在云图见图 2.6。由图可知，从最初拓扑到最优拓扑的过程中，受拉和受压的荷载路径逐渐清晰和变短，

且受拉和受压的主应力分布趋于均匀。深梁配筋率的变化见图 2.7。在拓扑优化过程中，深梁配筋率从 0.24% 逐渐减小到 0.04%。0.04% 远小于受弯构件的受拉钢筋最小配筋率 0.20%，其原因是 200 kN 的竖向荷载远未达到该深梁的极限荷载，导致深梁下部的受拉主应力较小，从而计算得出的所需的配筋率较小。因此，从应力的角度来看，最小柔度问题的最优拓扑使构件配筋率达到最小。

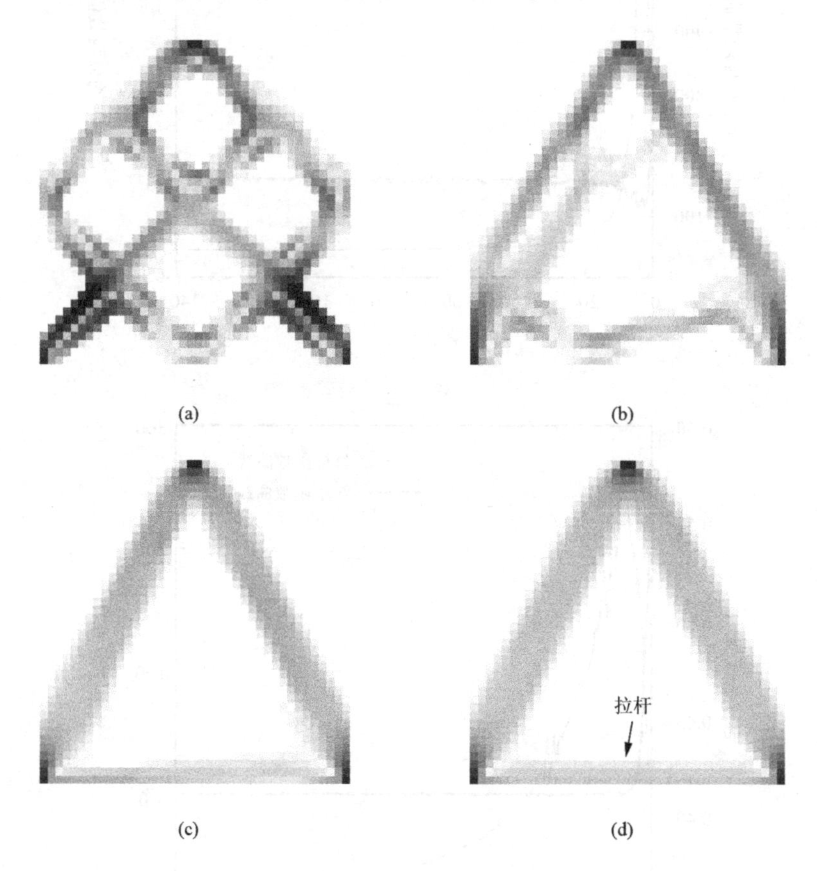

图 2.6　一个荷载作用的深梁优化过程中主应力云图（最小柔度问题）

（a）初始拓扑，（b）第 20 次迭代，（c）第 60 次迭代，（d）最优拓扑

其次，在情况 1 中，对于最小柔度问题采用了不同数量和不同布置的初始组件进行 MMC 拓扑优化。优化结果详见表 2.2。正如所料，深梁情况 1 虽然采用了不同的初始布置，但是都得到了基本一致的最优拓扑和最小柔度值。通过对比可知，在收敛标准一致的前提下较多的初始组件会需要较多的迭代，这是因为较多的初始组件意味着会有更多的多余组件，这些多余的组件通过覆盖和重叠机制来达到结构拓扑的改变，这需要花费更长的时间和迭代。这也会带来一个新的问题：到底多少个组件是合适的

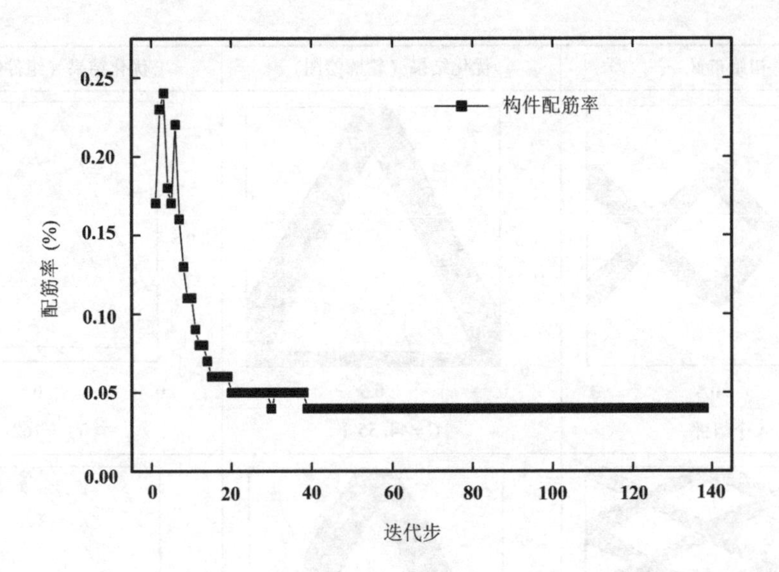

图 2.7　一个荷载作用的深梁优化过程中配筋率曲线（最小柔度问题）

或者是最佳的。一般来讲，较多的候选组件或许会产生更多合理的优化结果，但是过多的组件又会增大计算量。因此应该通过多次数值模拟和经验判断来达到组件数量和计算工作量的相对平衡。此外，考虑到实际拓扑优化问题非凸的特性，为了尽可能地接近全局最优解，也建议多尝试几组不同的初始布置并进行求解，从中选取最合理的局部最优解以近似全局最优解。

表 2.2　深梁在一个竖向荷载作用下不同初始布置的优化结果

初始布置	优化结果（轮廓绘图）	优化结果（组件绘图）
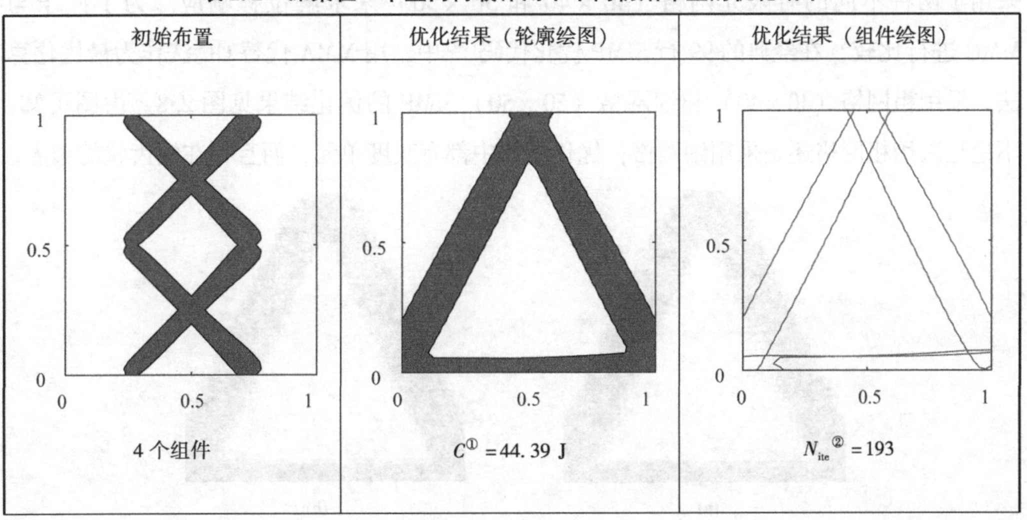 4 个组件	$C^{①}$ = 44.39 J	$N_{ite}^{②}$ = 193

（续表）

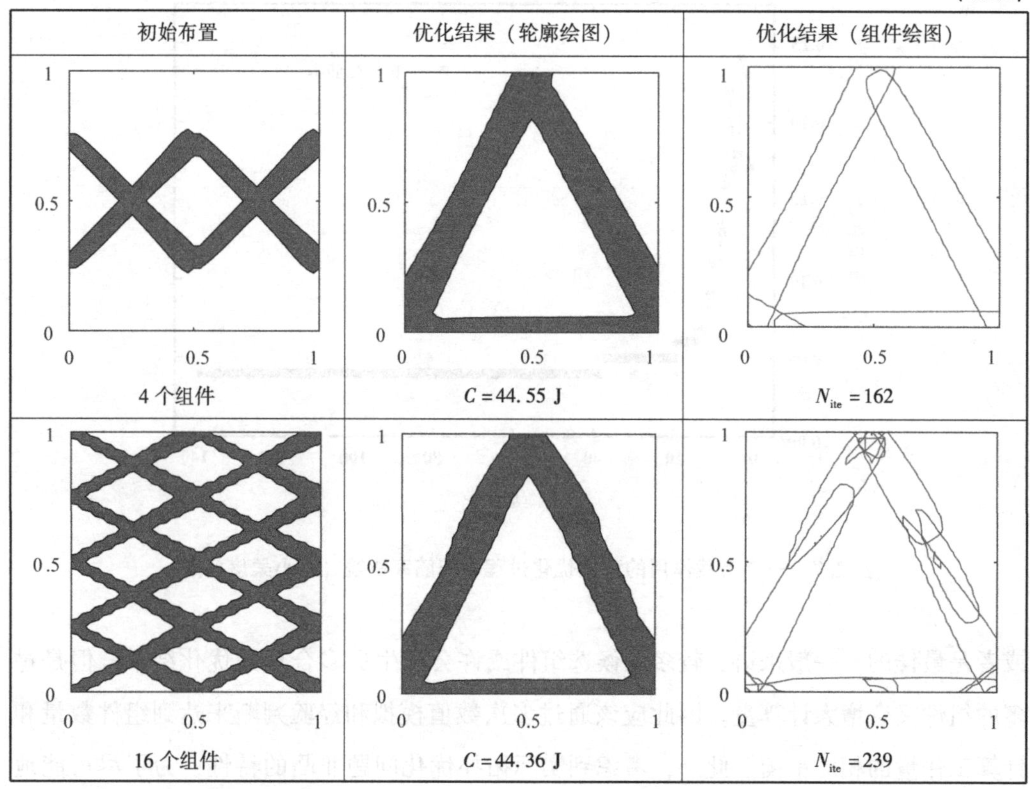

初始布置	优化结果（轮廓绘图）	优化结果（组件绘图）
4 个组件	$C=44.55$ J	$N_{ite}=162$
16 个组件	$C=44.36$ J	$N_{ite}=239$

注：① C 代表柔度目标函数值；
② N_{ite} 代表迭代次数。

再次，在情况 1 中，分别采用 SIMP 和 MMC 方法来求解最小柔度问题，而且各自采用了两种不同的有限元网格（40×40 和 50×50）来求解位移响应。为了便于与 MMC 进行比较，在经典的 99 行 SIMP 优化代码[56]中，用 MMA 代替 OC 法作为最优化算法。采用粗网格（40×40）和细网格（50×50）SIMP 的优化结果见图 2.8。由图可知，不论是采用粗网格还是采用细网格，优化结果中都有灰度单元，而且存在锯齿状的边界。

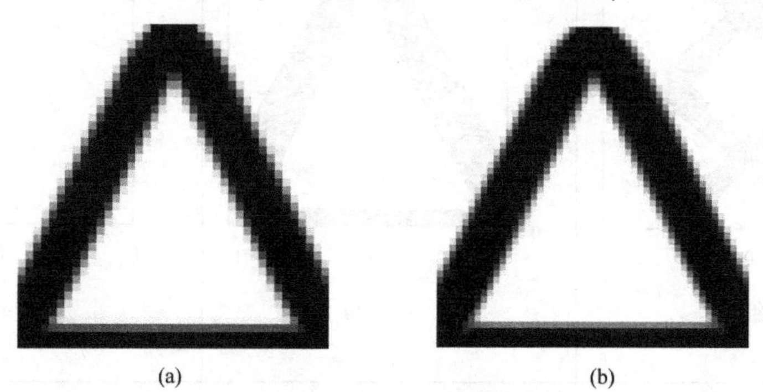

图 2.8　深梁两种不同网格 SIMP 优化结果

（a）40×40 有限元网格，（b）50×50 有限元网格

表 2.3 为在 SIMP 和 MMC 中，一次典型的迭代步的 CPU 时间的比较。与传统的隐式拓扑优化方法不同，MMC 的拓扑优化结果具有清晰的边界。因为 MMC 显式的特性，导致优化模型与分析模型完全解耦。事实上，因为 MMC 中的设计变量（对于 8 个组件为 56 个）比 SIMP（对于粗网格为 40 ×40 =1 600 个）要少得多，使得 MMC 的优化分析用时比 SIMP 分别减少 99.44%（粗网格）和 99.83%（细网格）。而在 SIMP 中，随着有限元网格的细化，与 MMA 有关的 CPU 时间会随着单元数的增加而呈现三次方的增加趋势。

表 2.3　深梁 MMC 和 SIMP 方法一个典型迭代的 CPU 时间比较

方法（有限元网格）	CPU 时间（s）		
	有限元分析	优化分析（灵敏度分析 + MMA）	合计
SIMP + MMA（40 ×40）	0.087 1	5.626 6（0.009 8 +5.616 8）	5.713 7
MMC + MMA（40 ×40）	0.106 1	0.031 5（0.030 7 +0.000 8）	0.137 6
SIMP + MMA（50 ×50）	0.170 8	22.014 5（0.014 8 +21.999 7）	22.185 3
MMC + MMA（50 ×50）	0.111 6	0.038 1（0.037 2 +0.000 9）	0.149 7

从次，表 2.4 为深梁 MMC 和 SIMP 方法求解用时比较。在 SIMP 方法中同时采用了 OC 法和 MMA 作为最优化算法。对于总用时的比较，涉及不同方法的收敛标准。为了便于比较，在 MMC 和 SIMP 方法中，均采用相同的收敛标准。当设计变量的相对变化不大于 1%，同时目标函数和约束函数值在连续的 5 次迭代中相对波动不大于 1% 时，迭代终止。由表 2.4 可知，在相同的收敛标准下，SIMP 方法的迭代次数要比 MMC 少。这是因为虽然 MMC 方法中变量数量大幅减少，但是变量类型却增加了，要使不同类型的变量均达到相同的收敛标准，需要较多的迭代来实现。即便如此，对于同样采用 MMA 算法，MMC 方法总用时要比 SIMP 方法减少 94.72%（粗网格）和 95.15%（细网格）。根据标准差的大小，可知 SIMP 方法每次迭代用时更加离散。此外，对于采用 OC 法的 SIMP，其迭代数和总用时是最少的。这是因为对于简单的单约束拓扑优化问题，可以构造出用于 OC 法的固定点格式的迭代算法，使得采用 OC 法的 SIMP 方法求解更快。

表 2.4　深梁 MMC 和 SIMP 方法求解用时比较

方法（有限元网格）	迭代数	最长用时/s	最短用时/s	平均用时/s	标准差	总用时/s
SIMP + OC(40 ×40)	18	0.170	0.140	0.150	0.007	2.690
SIMP + MMA(40 ×40)	30	21.910	3.440	10.800	7.330	324.050

（续表）

方法（有限元网格）	迭代数	最长用时/s	最短用时/s	平均用时/s	标准差	总用时/s
MMC + MMA(40 ×40)	138	0.200	0.110	0.120	0.009	17.120
SIMP + OC(50 ×50)	18	0.320	0.250	0.270	0.023	4.950
SIMP + MMA(50 ×50)	29	30.370	8.940	17.460	7.390	506.480
MMC + MMA(50 ×50)	159	0.220	0.140	0.150	0.008	24.540

最后，在情况 2 中，将荷载条件变为了两个竖向荷载。初始、中间、最优拓扑和相应的 STM 见图 2.9 和图 2.10。在这两种情况中得到的 STM 与荷载路径法和弹性应力迹线法[128,139]得到的结果基本一致。在情况 1 中，两个倾斜的压杆将跨中上部竖向荷载传递到两端的简支支座。在情况 2 中，STM 是瓶形的，即两组分离的压杆通过顶部压杆和底部的拉杆相连接。在情况 2 中，内力臂 $z = 0.6\text{m}$ 和压杆的倾角 $\theta = 67°$ 与文献［128，144］的结果几乎是一致的。

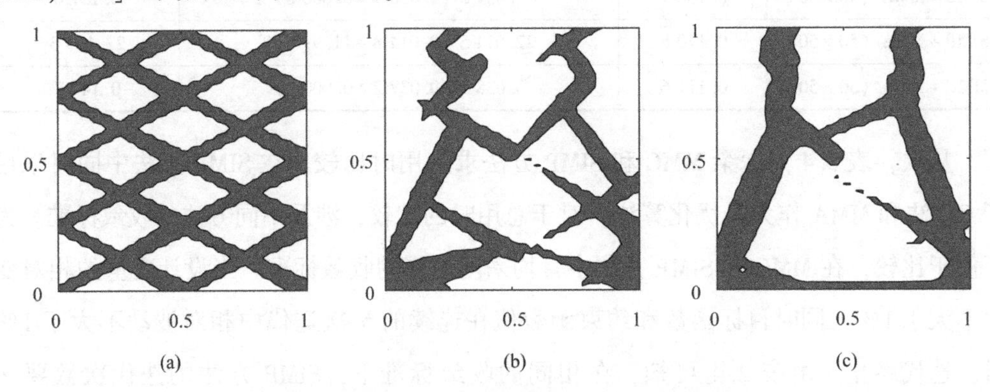

图 2.9　深梁在两个竖向荷载作用下拓扑优化过程

（a）初始拓扑，（b）第 40 次迭代，（c）第 120 次迭代

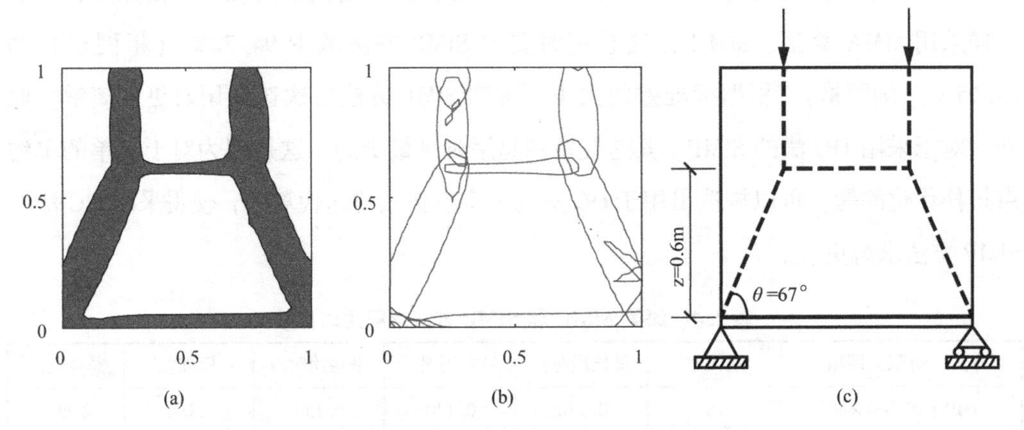

图 2.10　深梁在两个竖向荷载作用下最优拓扑和 STM

（a）最优拓扑（轮廓绘图），（b）最优拓扑（组件绘图），（c）STM

在初始拓扑中，荷载作用点处无材料分布，但仍可以向下传递压力。在优化过程中，网状的受压路径逐渐简化为由水平压杆连接的两条主受压路径；而曲线型的受拉路径逐渐变为直线。主拉应力和主压应力峰值也逐渐减小。两个竖向荷载作用的深梁在优化过程中的主应力云图和配筋率曲线分别见图 2.11 和图 2.12。与图 2.6 相比，由

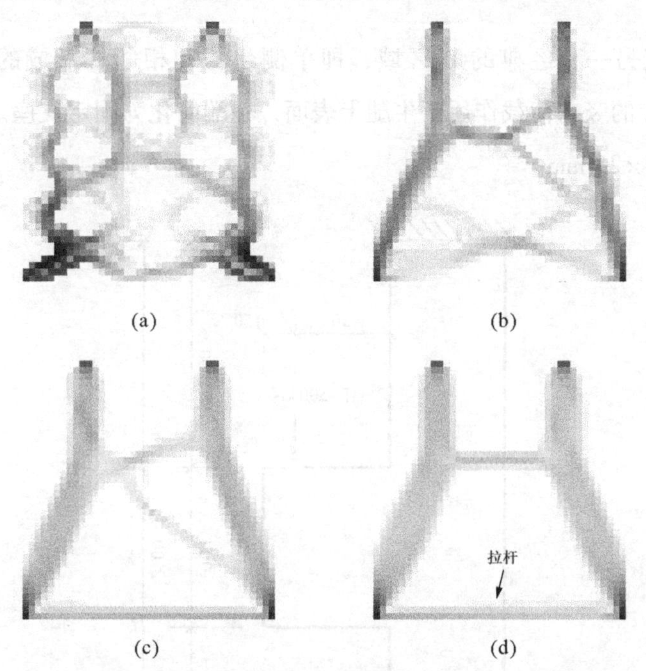

图 2.11　两个荷载作用的深梁优化过程中主应力云图

(a) 初始拓扑，(b) 第 40 次迭代，(c) 第 120 次迭代，(d) 最优拓扑

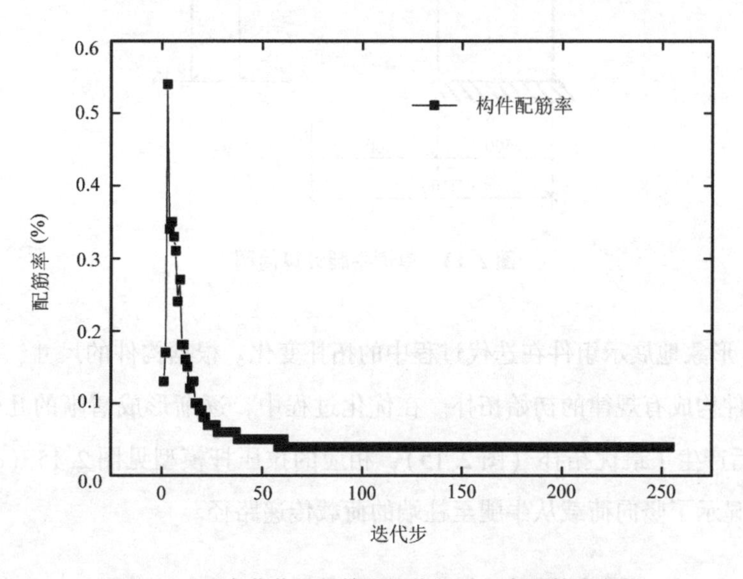

图 2.12　两个荷载作用的深梁优化过程中配筋率曲线

于两个 100 kN 的竖向荷载与一个 200 kN 的竖向荷载等效，因而远处的受拉路径基本一致，最优拓扑的配筋率均为 0.04%。

2.5.2 单侧牛腿

本小节研究另一种经典的 D 区域，即单侧牛腿和相邻柱形成的牛腿结构，见图 2.13。500 kN 的竖向荷载作用于牛腿上表面，柱端简化为固定支座。采用的有限单元大小为 25 mm×25 mm。

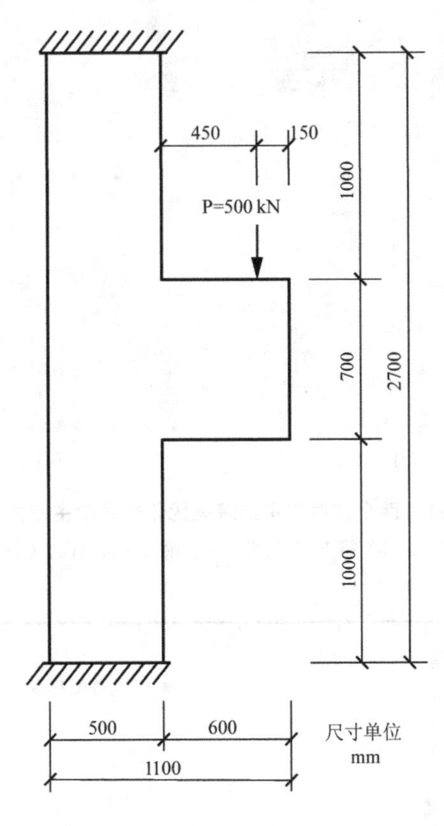

图 2.13 单侧牛腿计算简图

图 2.14 形象地展示组件在迭代过程中的拓扑变化。根据构件的尺寸，采用 3 组不同大小的组件构成有规律的初始拓扑。在优化过程中，逐渐形成清晰的几何拓扑。在 197 次迭代后产生了最优拓扑（图 2.15），相应的拉压杆模型见图 2.15（c）。拉压杆模型直观地显示了竖向荷载从牛腿至柱端的荷载传递路径。

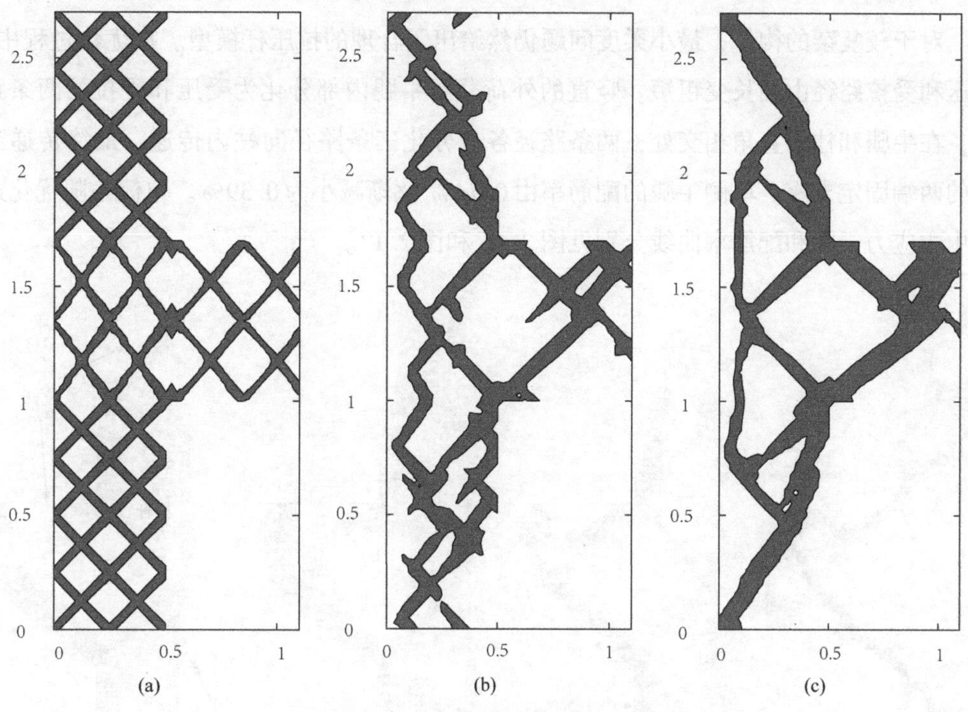

图 2.14　单侧牛腿拓扑优化过程

(a) 初始布置，(b) 第 30 次迭代，(c) 第 75 次迭代

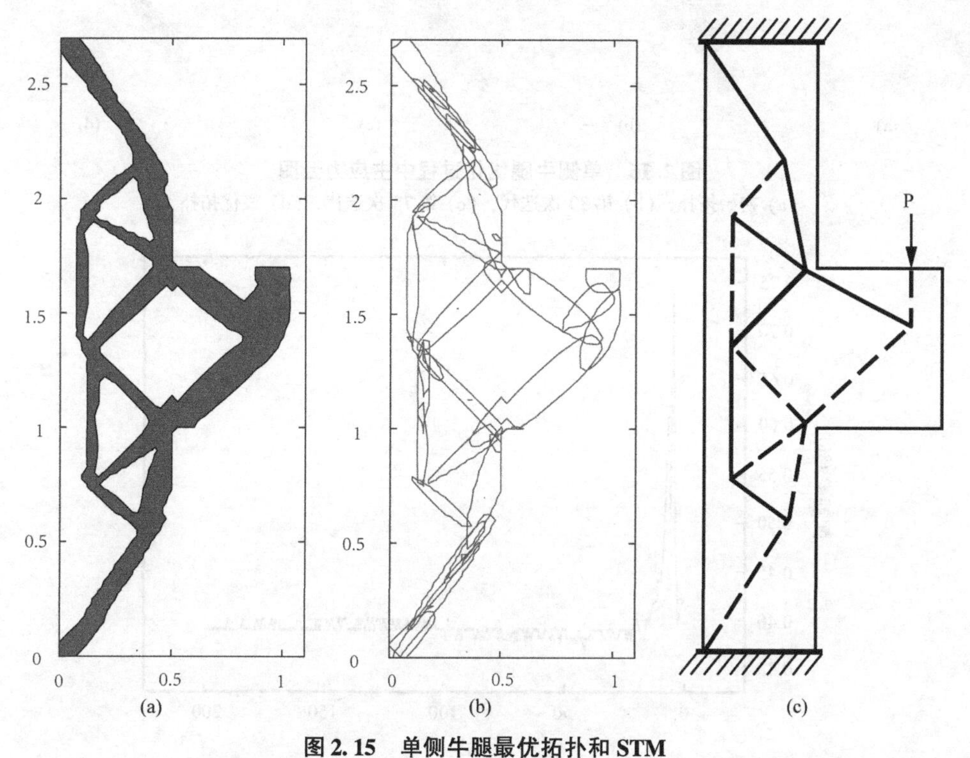

图 2.15　单侧牛腿最优拓扑和 STM

(a) 最优拓扑（轮廓绘图），(b) 最优拓扑（组件绘图），(c) STM

对于较复杂的构件，最小柔度问题仍然给出了合理的拉压杆模型。在优化过程中，受压和受拉路径由细长变粗短。竖直的外荷载在牛腿内部分化为受压和受拉的两条路径，在牛腿和柱的直角相交处，两条路径各自分化三条路径向柱内传递，最终传递到柱的两端固定支座。单侧牛腿的配筋率由0.74% 逐渐减小为0.39% 。单侧牛腿优化过程中主应力云图和配筋率曲线分别见图2.16 和图2.17。

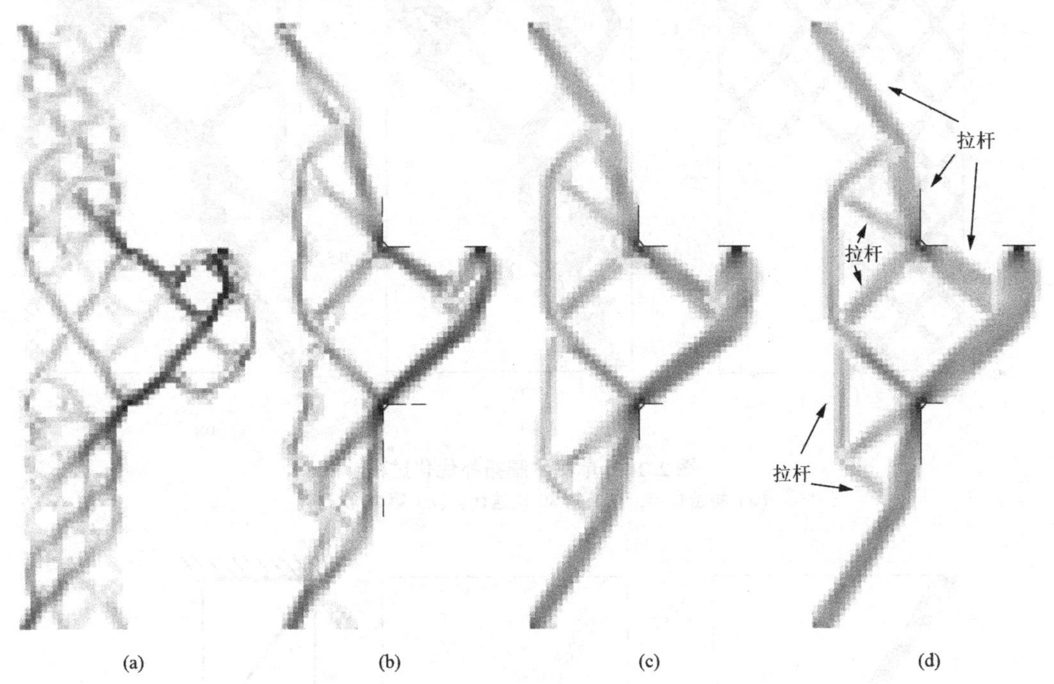

图2.16　单侧牛腿优化过程中主应力云图

(a) 初始拓扑，(b) 第30 次迭代，(c) 第75 次迭代，(d) 最优拓扑

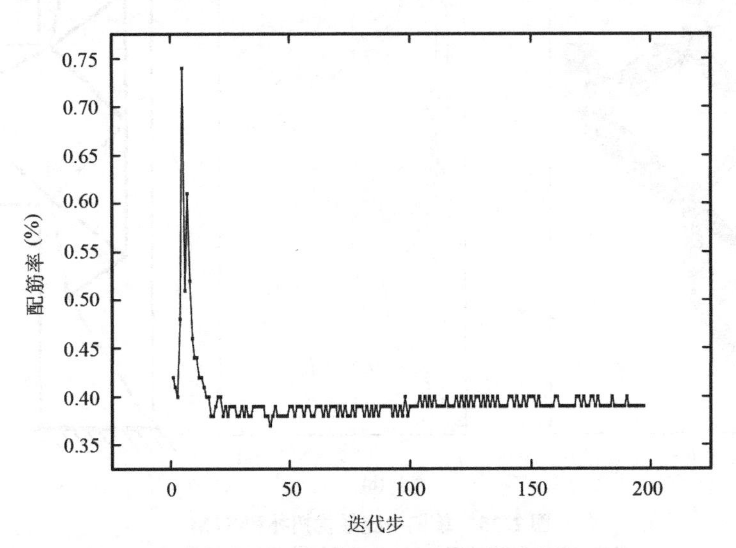

图2.17　单侧牛腿优化过程中配筋率曲线

2.5.3　双侧牛腿

本小节求解双侧牛腿在两种荷载条件下的 STM。这两种荷载条件分别为情况 3：$P=100$ kN，$S=0$ kN；情况 4：$P=100$ kN，$S=40$ kN，见图 2.18。设计域用 4 225 个平面正方形单元进行离散，单元边长为 20 mm。

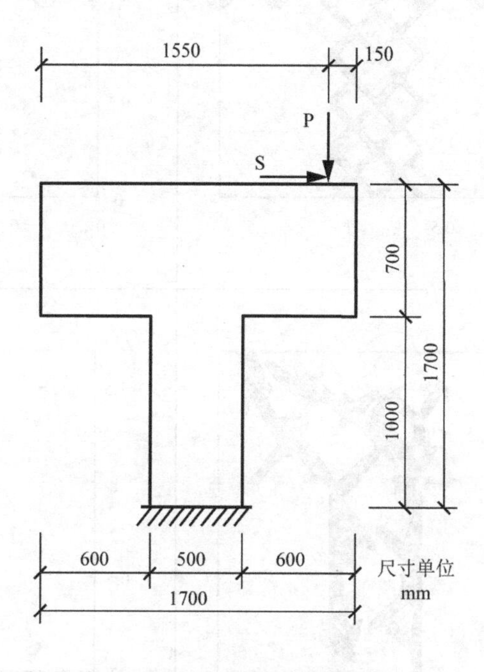

图 2.18　双侧牛腿计算简图

为了给出一个生动的展示，两种不同荷载条件下的双侧牛腿在整个优化过程中的初始、中间和最优拓扑列于表 2.5。在这两种情况中，在构件左上部的组件逐渐消失，其余组件自动形成一个可靠的荷载传递路径。通过对比可知，在承重柱的上部构件的力学行为有显著的不同。在引入水平荷载之后，一根倾斜的压杆用来承受水平荷载产生的剪切应力。在牛腿的上部则有相似的力学行为，仅在拉杆的倾斜程度上略有不同。

表 2.5　在两种不同荷载条件下双侧牛腿算例的比较

双侧牛腿情况	情况 3：$P=100$ kN，$S=0$ kN	情况 4：$P=100$ kN，$S=40$ kN
最小值	99.14 J	258.07 J
迭代次数	240	297

（续表）

双侧牛腿情况	情况3：$P=100$ kN，$S=0$ kN	情况4：$P=100$ kN，$S=40$ kN
初始拓扑		
中间拓扑	20 迭代步 80 迭代步	30 迭代步 110 迭代步

（续表）

双侧牛腿情况	情况 3：$P=100$ kN，$S=0$ kN	情况 4：$P=100$ kN，$S=40$ kN
最优拓扑（轮廓绘图）	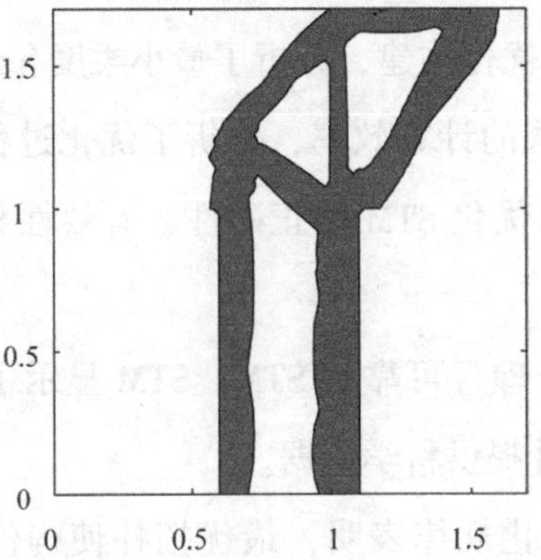	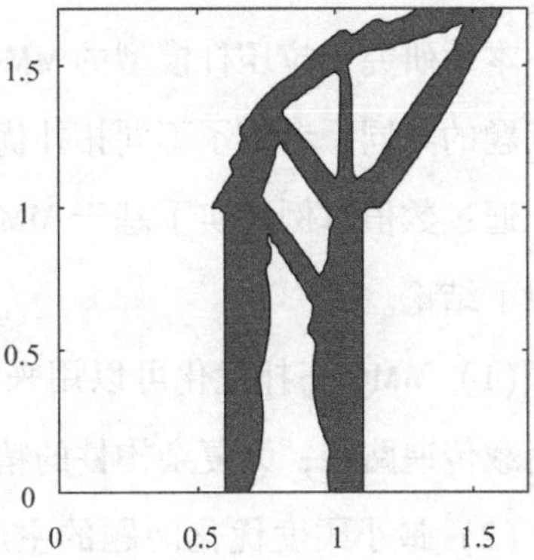
最优拓扑（组件绘图）	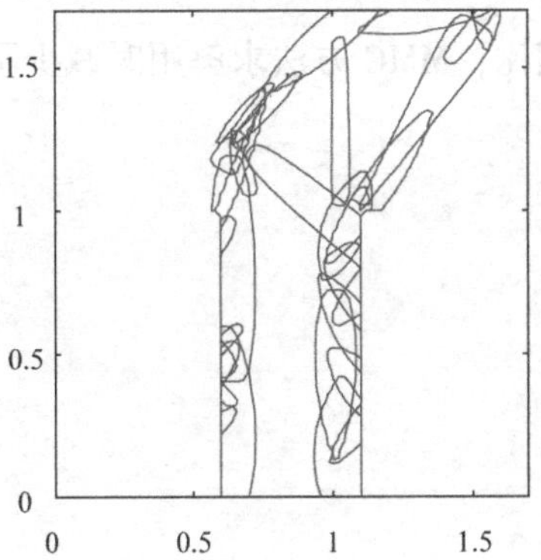	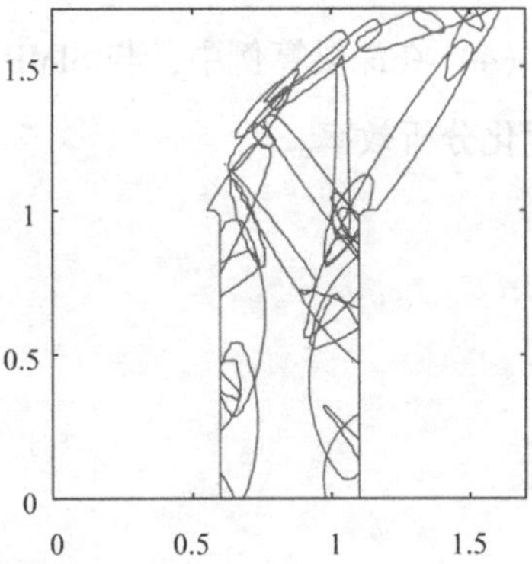
拉压杆模型	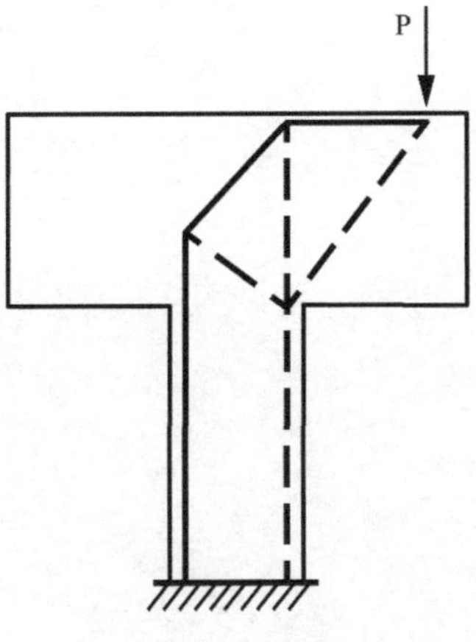 P	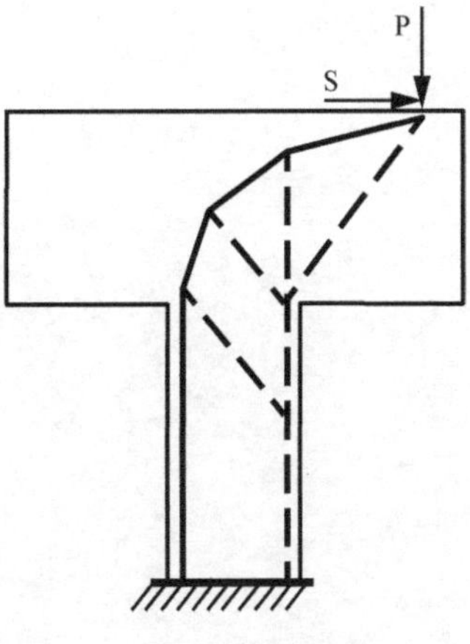 P S

2.6 本章小结

本章研究了拉压杆模型的 MMC 拓扑优化构建，分析了最小柔度和最小体积拓扑优化问题的异同，考察了不同拓扑优化方法的计算效率，分析了优化过程中的主应力变化。通过数值算例证实了基于 MMC 拓扑优化 STM 的正确性、有效性和稳健性，并得出以下结论。

（1）MMC 拓扑优化可以用来构建合理且可靠的 STM，STM 显示了二维复杂构件的荷载传递路径，为复杂构件的精细设计提供科学依据。

（2）最小柔度优化问题的主应力变化规律表明，最优拓扑使构件的配筋率达到最小。

（3）对于单目标和单约束的拓扑优化问题，最小柔度和最小体积问题是等价的。

（4）在深梁算例中，与 SIMP 方法相比，MMC 方法求解用时减少了约 95%，提高了优化分析效率。

第3章　不同工况下基于MMC拓扑优化的拉压杆模型

3.1　概述

在复杂多变的工程环境中，对拉压杆模型研究提出了更高的要求。现有的规范普遍缺少针对不同工况的拉压杆模型，因此有必要开展不同工况下拉压杆模型的研究。在结构设计中，构件上的多个荷载并不是同时作用的，而是每个荷载在不同的时间单独作用，需要考虑荷载效应的组合。例如，在混凝土结构抗震设计中，以水平地震作用和风荷载为代表的水平荷载与竖向荷载并不是同时作用的，需要考虑有地震作用效应参与的作用效应组合。此外，支座约束和荷载位置也会影响拉压杆模型。因此，在不同工况下基于拓扑优化的拉压杆模型研究具有重要的理论意义和广阔的应用前景。

众多研究人员对不同工况下基于拓扑优化的STM开展了广泛的研究。Díaz和Bendsøe[192]将均匀化方法扩展到多荷载工况，并对单荷载和多荷载工况进行了对比；Achtziger等[193-194]研究了多荷载工况下基于基结构法的桁架结构最优拓扑。Rozvany[195]提供了经典拓扑优化问题的精确解析解，并采用叠加原理对多荷载工况进行了研究。Bruggi[196]对多荷载工况下基于SIMP方法的拉压杆模型进行了研究。Victoria等[197]采用等高线和等高面拓扑优化方法，分别对多荷载工况下的二维和三维连续体拓扑优化进行了研究。刘霞等[198]对采用拉压杆模型和经验方法设计的开洞深梁进行试验研究，并考虑了不同洞口的尺寸和位置对配筋的影响。Picelli等[199]提出了一种基于应力的水平集拓扑优化方法，并对应力最小化、应力约束、多荷载工况和多应力准则的拓扑优化问题进行了深入研究。张鹄志等[200]采用 WESO 方法对不同支座条件和开洞情况的钢筋混凝土深梁的力学机理进行研究，并对深梁设计提出了合理化建议。基于松质骨重建与拓扑优化的相似性，Nowak 等[201]提出了一种多荷载工况下结构拓扑优化的仿生方法。张鹄志等[202]采用 WESO 方法研究了不同集中荷载和荷载集度工况下开洞深梁的拉压杆模型，并对不同荷载工况的开洞深梁总结了科学设计方案。张鹄志等[203]提出了多荷载工况下的 GESO，并将其用于钢筋混凝土深梁拉压杆模型的构建。

本章基于多荷载工况拓扑优化理论，开展了基于可移动变形组件拓扑优化的拉压杆模型研究。通过求解体积约束下组合柔度最小的优化问题，自动生成最优拓扑，进而构建可靠的拉压杆模型。通过单跨梁和梁柱节点算例，研究了不同工况的拉压杆模型，分析了支座约束和荷载位置对 STM 的影响，研究了桥梁横断面拓扑优化设计。

在多荷载工况的拓扑优化理论中，结构的拓扑描述与第 2 章的内容一致，以下对拓扑优化列式、灵敏度分析和移动渐近线法进行分别介绍。

3.2 多荷载工况拓扑优化列式

在多荷载工况下，拓扑优化列式中目标函数为每个荷载作用下柔度的组合。合适的 STM 对应于体积约束下组合柔度最小的拓扑优化问题。采用矩阵形式的拓扑优化列式，如式 (3.1) 所示。

$$
\begin{aligned}
&\text{寻 找} \quad \boldsymbol{d} = (\boldsymbol{d}_1^{\mathrm{T}}, \cdots, \boldsymbol{d}_{nc}^{\mathrm{T}})^{\mathrm{T}} \\
&\text{最小化} \quad C = \sum_{k=1}^{m} C_k = \sum_{k=1}^{m} \alpha_k \boldsymbol{F}_k^{\mathrm{T}} \boldsymbol{u}_k \\
&\text{满 足} \quad \boldsymbol{K}\boldsymbol{u}_k - \boldsymbol{F}_k = \boldsymbol{0}, \\
&\qquad\quad V = V(\boldsymbol{d})/V_0 - \overline{V} \leqslant 0, \\
&\qquad\quad \boldsymbol{d} \subseteq U_{\mathrm{d}}, \\
&\qquad\quad \boldsymbol{u} = \overline{\boldsymbol{u}},\ on \Gamma_{\mathrm{u}}。
\end{aligned}
\tag{3.1}
$$

式中，C 和 V 分别为多荷载工况拓扑优化问题的组合柔度目标函数和体积比约束函数；C_k、$\boldsymbol{F}_k$ 和 $\boldsymbol{u}_k$ 分别为与第 k 个荷载对应的柔度、荷载列向量和位移列向量；m 为多荷载工况或参与荷载效应组合的荷载总数；α_k 为第 k 个荷载对应的柔度目标的组合系数；$\boldsymbol{K}$ 为结构的整体刚度矩阵；$V(\boldsymbol{d})$、V_0 和 $\bar{V}$ 分别为与设计变量 $\boldsymbol{d}$ 有关的实体材料体积、设计域体积和容许体积比。

3.3　数值实现

在多荷载工况下，仍采用有限单元法进行求解结构的位移响应。有限单元分析采用平面四结点等参应力单元。虚假弹性模量和正则化函数 $H(x)$ 分别与第 2 章中式 2.10 和式 2.11 相同。在引入虚假弹性模量和正则化函数后，式（3.1）可进一步表达为

$$\boldsymbol{F}_k^{\mathrm{T}}\boldsymbol{u}_k^{\mathrm{T}} = \boldsymbol{u}_k^{\mathrm{T}}\boldsymbol{K}\boldsymbol{u}_k = \frac{1}{4}\sum_{e=1}^{NE}\sum_{j=1}^{4}\left[H(\chi_j^e)\right]^q\boldsymbol{u}_{ek}^{\mathrm{T}}\boldsymbol{k}_e^*\boldsymbol{u}_{ek} \tag{3.2a}$$

$$\boldsymbol{K}\boldsymbol{u}_k - \boldsymbol{F}_{\mathrm{k}} = \boldsymbol{0} \tag{3.2b}$$

$$V = \left[\sum_{e=1}^{NE}\sum_{j=1}^{4}H(\chi_j^e)V_e\right]\Big/(4V_0) - \bar{V} \leqslant 0 \tag{3.2c}$$

式中，$\boldsymbol{k}_e^*$ 为对应于混凝土材料的单元刚度矩阵；$\boldsymbol{u}_{ek}$为与第 k 个荷载对应的单元位移列向量；NE 为设计域 Ω 内单元总数。

3.3.1　灵敏度分析

与单荷载工况类似，可得与第 k 个荷载对应的柔度 C_k 的灵敏度为

$$\frac{\partial C_k}{\partial a} = \frac{1}{4}\left\{\sum_{e=1}^{NE}\sum_{j=1}^{4}q\left[H(\chi_j^e)\right]^{q-1}\frac{\partial H(\chi_j^e)}{\partial a}\right\}\boldsymbol{u}_{ek}^{\mathrm{T}}\boldsymbol{K}_e^*\boldsymbol{u}_{ek} \tag{3.3}$$

因此，在多荷载工况下，目标函数和不等式约束函数的灵敏度分别为

$$\frac{\partial C}{\partial a} = \frac{1}{4}\sum_{k=1}^{m}\left\{\sum_{e=1}^{NE}\sum_{j=1}^{4}q\left[H(\chi_j^e)\right]^{q-1}\frac{\partial H(\chi_j^e)}{\partial a}\right\}\boldsymbol{u}_{ek}^{\mathrm{T}}\boldsymbol{K}_e^*\boldsymbol{u}_{ek} \tag{3.4}$$

$$\frac{\partial V}{\partial a} = \frac{1}{4}\sum_{e=1}^{NE}\sum_{j=1}^{4}\frac{\partial H(\chi_j^e)}{\partial a} \tag{3.5}$$

3.3.2 移动渐近线法

本节采用著名的移动渐近线法（MMA）作为最优化算法。该算法的主要思想是在当前设计点处构造显式的、保守的凸可分近似优化子模型，该模型可采用原对偶的内点法进行高效求解，从而得到一个改进的设计点，如此循环直到改进的设计点满足收敛条件。图3.1为MMA算法的流程图。在计算过程中，只需要在构造近似显式优化子模型时进行结构有限元分析和灵敏度分析，在近似优化子模型的求解时，不需要进行上述分析，从而提高了优化求解效率。以下从近似子问题的构造和近似子问题的求解两个方面对移动渐近线法进行简要介绍。

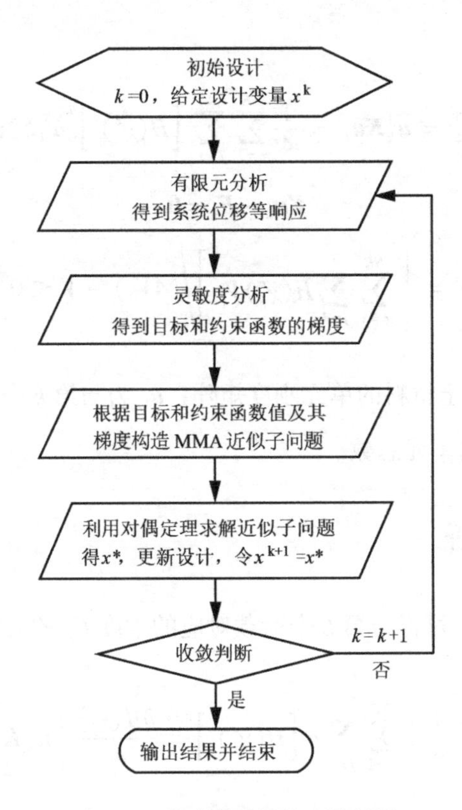

图3.1　移动渐近线算法流程图

1. 近似子问题的构造

对式（1.1）表示的一般形式的拓扑优化问题，可构造一系列如下的近似子问题。

$$
\begin{aligned}
&\text{寻 找} \quad \boldsymbol{x} = (x_1, \cdots, x_n)^{\mathrm{T}} \\
&\text{最小化} \quad \tilde{f}_0^k(\boldsymbol{x}) + a_0 z + \sum_{i=1}^{m}\left(c_i y_i + \frac{1}{2} d_i y_i^2\right) \\
&\text{满 足} \quad \tilde{f}_i^k(\boldsymbol{x}) - a_i z - y_i \leqslant 0, \quad i = 1, \cdots, m, \\
&\qquad\quad \alpha_j^k \leqslant x_j \leqslant \beta_j^k, \quad j = 1, \cdots, n, \\
&\qquad\quad y_j \geqslant 0, \\
&\qquad\quad z \geqslant 0。
\end{aligned}
\tag{3.6}
$$

式中，$\tilde{f}_0^k(\boldsymbol{x})$和$\tilde{f}_i^k(\boldsymbol{x})$分别为原问题在第$k$次近似的目标和约束函数；$y_i$和$z$是为了解决特定问题而引入的人为设计变量；$\alpha_j^k$和$\beta_j^k$分别为第$k$次近似时设计变量第$j$个分量的移动下限和上限；$a_0$、$a_i$、$c_i$和$d_i$为给定的常数，且满足$a_0 > 0$，$a_i \geqslant 0$，$c_i \geqslant 0$，$d_i \geqslant 0$，$c_i + d_i > 0$和$a_i c_i > a_0 (a_i > 0)$。

在MMA方法中，采用反比例函数来构造设计变量在第k次近似$\boldsymbol{x}^k$时近似目标和约束函数为。

$$
\tilde{f}_i^k(\boldsymbol{x}) = r_i^k + \sum_{j=1}^{n}\left(\frac{p_{ij}^k}{U_j^k - x_j} + \frac{q_{ij}^k}{x_j - L_j^k}\right), \quad i = 0, 1, \cdots, m \tag{3.7}
$$

其中

$$
p_{ij}^k = (U_j^k - x_j^k)^2 \left\{1.001\left[\frac{\partial f_i(\boldsymbol{x}^k)}{\partial x_j}\right]^+ + 0.001\left[\frac{\partial f_i(\boldsymbol{x}^k)}{\partial x_j}\right]^- + \frac{10^{-5}}{x_j^{\max} - x_j^{\min}}\right\} \tag{3.8a}
$$

$$
q_{ij}^k = (x_j^k - L_j^k)^2 \left\{0.001\left[\frac{\partial f_i(\boldsymbol{x}^k)}{\partial x_j}\right]^+ + 1.001\left[\frac{\partial f_i(\boldsymbol{x}^k)}{\partial x_j}\right]^- + \frac{10^{-5}}{x_j^{\max} - x_j^{\min}}\right\} \tag{3.8b}
$$

$$
r_i^k = f_i(\boldsymbol{x}^k) - \sum_{j=1}^{n}\left(\frac{p_{ij}^k}{U_j^k - x_j^k} + \frac{q_{ij}^k}{x_j^k - L_j^k}\right) \tag{3.8c}
$$

式中，$\dfrac{\partial f_i(\boldsymbol{x}^k)}{\partial x_j}^+$ 表示 $\dfrac{\partial f_i(\boldsymbol{x}^k)}{\partial x_j}$ 和0的较大值；$\left(\dfrac{\partial f_i(\boldsymbol{x}^k)}{\partial x_j}\right)^-$ 表示 $-\dfrac{\partial f_i(\boldsymbol{x}^k)}{\partial x_j}$ 和0的较大值；L_j^k和U_j^k分别为第k次近似时设计变量第j个分量的左渐近线和右渐近线。若渐近线L_j^k和U_j^k与x_j^k越接近，则近似函数$\tilde{f}_i^k(\boldsymbol{x})$曲率越大，对原函数$f_i(\boldsymbol{x})$的近似越保守；反之，若渐近线$L_j^k$和$U_j^k$与$x_j^k$越远离，则近似函数$\tilde{f}_i^k(\boldsymbol{x})$趋于线性函数。

式（3.6）中的移动限α_j^k和β_j^k可由下式确定。

$$\alpha_j^k = \max\left\{x_j^{\min}, L_j^k + 0.1(x_j^k - L_j^k), x_j^k - 0.5(x_j^{\max} - x_j^{\min})\right\} \tag{3.9a}$$

$$\beta_j^k = \min\left\{x_j^{\max}, U_j^k + 0.1(u_j^k - x_j^k), x_j^k + 0.5(x_j^{\max} - x_j^{\min})\right\} \tag{3.9b}$$

在不同的设计点的近似子问题中，渐近线 L_j^k 和 U_j^k 可根据收敛的情况进行收紧和放松，这也是MMA名称的由来。一个简单的更新渐近线的规则如下。

当 $k=1$ 和 $k=2$ 时，

$$L_j^k = x_j^k - 0.5(x_j^{\max} - x_j^{\min}) \tag{3.10a}$$

$$U_j^k = x_j^k + 0.5(x_j^{\max} - x_j^{\min}) \tag{3.10b}$$

当 $k \geqslant 3$ 时，

$$L_j^k = x_j^k - \gamma_j^k(x_j^{k-1} - L_j^{k-1}) \tag{3.11a}$$

$$U_j^k = x_j^k + \gamma_j^k(U_j^{k-1} - x_j^{k-1}) \tag{3.11b}$$

其中

$$\gamma_j^k = \begin{cases} 0.7, & \text{当}(x_j^k - x_j^{k-1})(x_j^{k-1} - x_j^{k-2}) < 0\text{时；} \\ 1.0, & \text{当}(x_j^k - x_j^{k-1})(x_j^{k-1} - x_j^{k-2}) = 0\text{时；} \\ 1.2, & \text{当}(x_j^k - x_j^{k-1})(x_j^{k-1} - x_j^{k-2}) > 0\text{时。} \end{cases} \tag{3.12}$$

需要强调的是，在以上的公式中，有些参数是有一定的物理意义的。针对不同的问题，可能需要进行仔细的调整。这些参数包括：式（3.8a）和（3.8b）中的数值 10^{-5}；式（3.9a）和（3.9b）中的数值0.1和0.5；式（3.10a）和（3.10b）中的数值0.5；式（3.12）中的数值0.7和1.2。

2. 近似子问题的求解

在MMA方法中，近似子问题的目标函数和约束函数都是严格凸函数，且强对偶性条件成立。因此，近似子问题的最优对偶间隙为零，近似子问题可以采用原对偶的内点法进行求解。在原对偶的内点法中，首先，构建近似子问题的拉格朗日对偶函数，并建立KKT最优条件；其次，引入松弛变量形成修改的KKT最优条件；最后，采用牛顿法求解修改的KKT最优条件。

3.4　数值算例

本节通过混凝土结构中的单跨梁和梁柱节点，分别对不同工况下基于 MMC 拓扑优化的拉压杆模型进行研究。所用的 MATLAB 软件版本和笔记本电脑的参数同第 2 章内容。在 STM 中，拉杆用粗实线表示，压杆用粗虚线表示。混凝土的弹性模量为 28 567 MPa，泊松比为 0.15。有限元分析均采用平面四结点等参应力单元。

3.4.1　不同支座约束的单跨梁

不同支座约束的混凝土单跨梁计算简图见图 3.2。对跨高比为 2 的单跨梁分别设

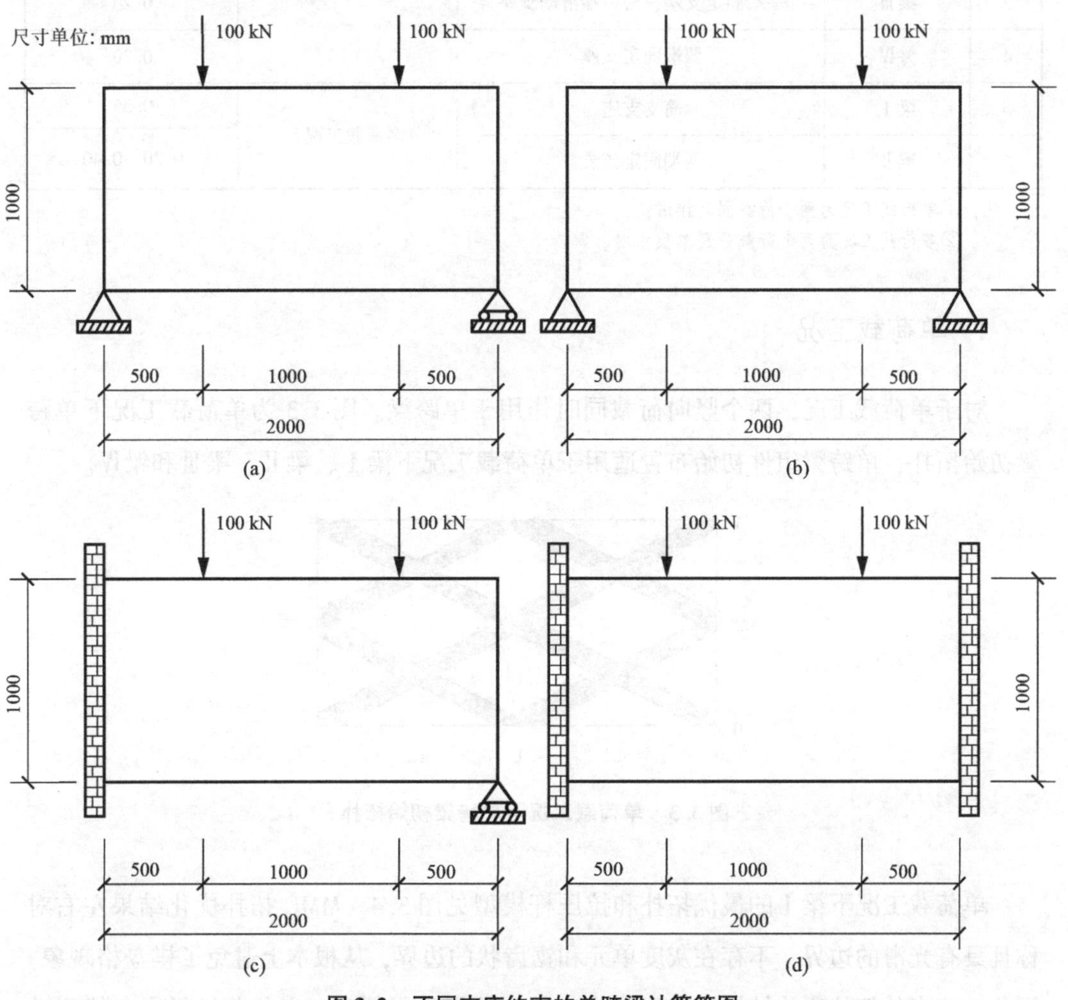

图 3.2　不同支座约束的单跨梁计算简图

(a) 梁Ⅰ，(b) 梁Ⅱ，(c) 梁Ⅲ，(d) 梁Ⅳ

置了四种支座方案，并对简支梁和两端固定铰支梁分别考虑了单荷载和多荷载工况，这6类单跨梁的详细情况见表3.1。对于体积约束下柔度最小的拓扑优化问题，目标函数值为结构的柔度（单荷载工况）或组合柔度（多荷载工况），约束函数值为体积比约束函数。单跨梁的厚度均取250 mm，有限单元的边长为25 mm，共计3 200个单元。以下从单荷载和多荷载工况两个方面分别进行研究。

表3.1　六类不同支座约束的单跨梁

编号	梁类型	支座约束	荷载工况	容许体积比
1	梁Ⅰ	简支支座	单荷载工况①	0.35
2	梁Ⅱ	两端固定铰支		0.20
3	梁Ⅲ	一端固定支座，另一端滑动支座		0.20
4	梁Ⅳ	两端固定支座		0.20
5	梁Ⅰ	简支支座	多荷载工况②	0.35
6	梁Ⅱ	两端固定铰支		0.20～0.40

注：①单荷载工况为两个荷载同时作用；
②多荷载工况为两个荷载分别单独作用。

1. 单荷载工况

对于单荷载工况，两个竖向荷载同时作用于单跨梁。图3.3为单荷载工况下单跨梁初始拓扑，单跨梁组件初始布置适用于单荷载工况下梁Ⅰ、梁Ⅱ、梁Ⅲ和梁Ⅳ。

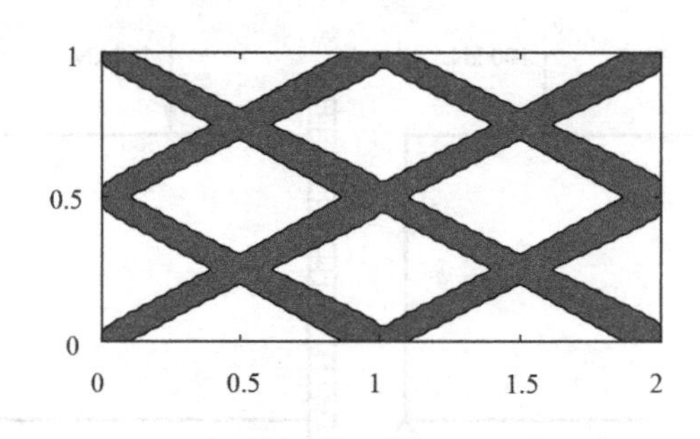

图3.3　单荷载工况下单跨梁初始拓扑

单荷载工况下梁Ⅰ的最优拓扑和拉压杆模型见图3.4。MMC拓扑优化结果左右对称且具有光滑的边界，不存在灰度单元和锯齿状的边界，从根本上避免了棋盘格现象。因此，清晰的拓扑优化结果为拉压杆模型的构建提供了便利。以优化结果中心线手动建立的STM，直观地展示了单跨梁在荷载作用下的荷载传递路径。两个竖向荷载通过两条倾斜的压杆同步地传递到简支支座。由于右侧滑动铰支座不能限制水平方向的位移，因此在下部形成一个水平拉杆来抵抗水平推力。与此同时，上部则通过一个水平压杆来抵抗水平挤压。在整体上，这与瓶形压杆类似，瓶口处受压，而瓶身处受拉。图 3. 5 为单荷载工况梁 I 收敛曲线。采用 MMA 算法可稳定且高效地收敛于最优解。

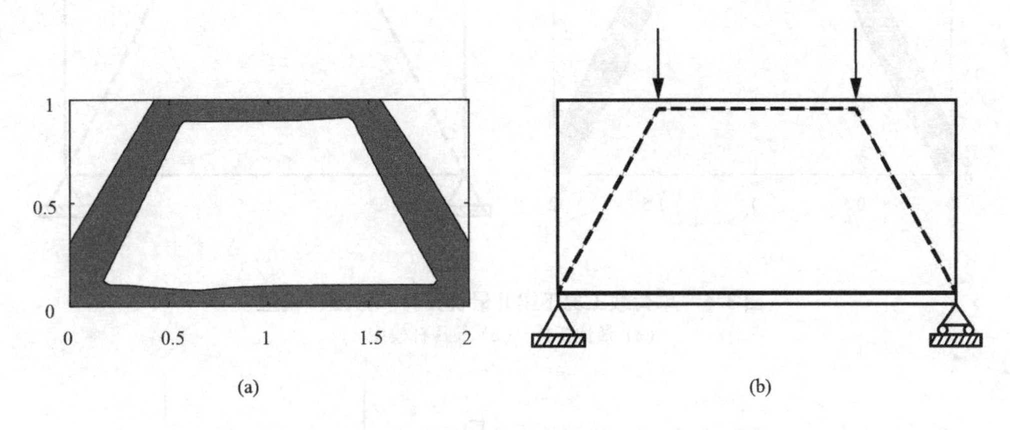

图 3. 4　单荷载工况下梁 I 最优拓扑和拉压杆模型

(a) 最优拓扑，(b) 拉压杆模型

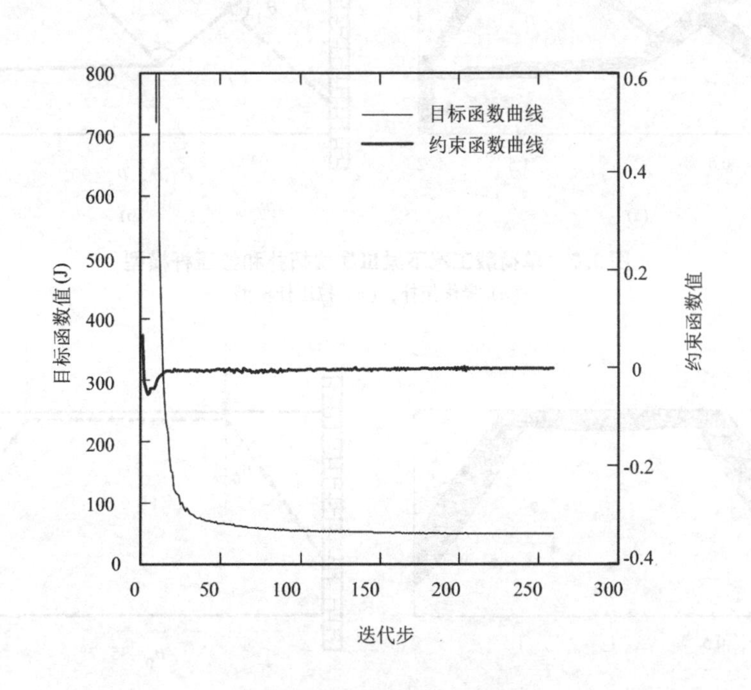

图 3. 5　单荷载工况梁 I 收敛曲线

梁Ⅱ、梁Ⅲ和梁Ⅳ的最优拓扑和相应的STM分别见图3.6、图3.7和图3.8。对于两端固定铰支的单跨梁，由于支座可提供水平反力，因此与简支单跨梁相比，在STM中去掉了下部的水平拉杆。

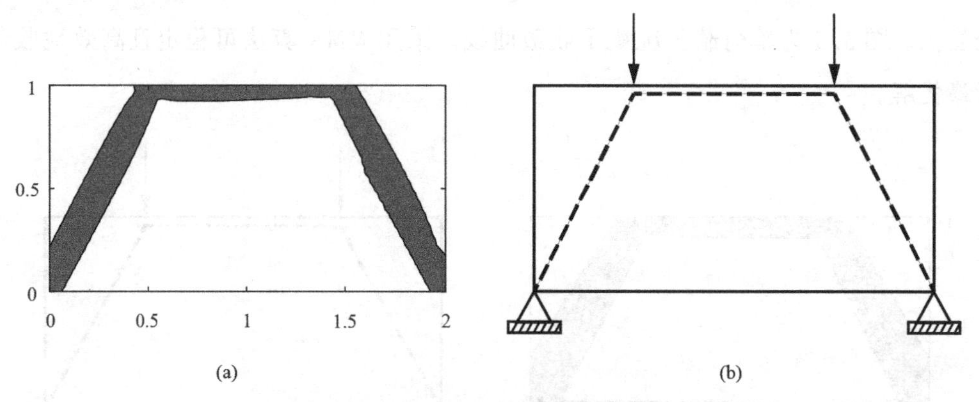

图3.6　单荷载工况下梁Ⅱ最优拓扑和拉压杆模型

(a) 最优拓扑，(b) 拉压杆模型

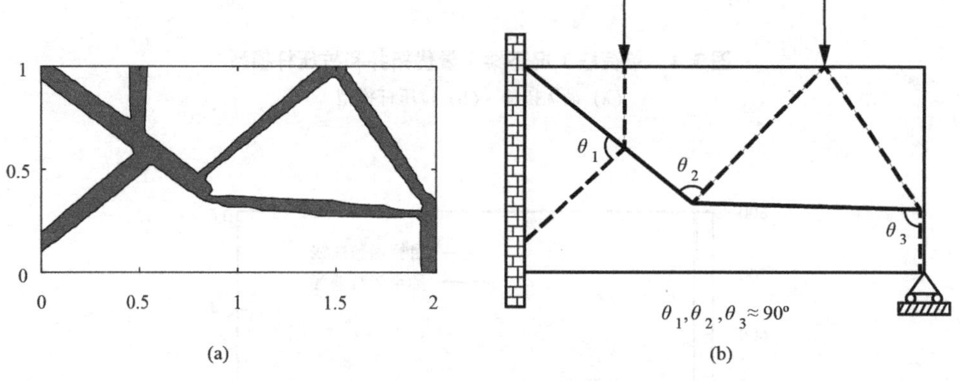

图3.7　单荷载工况下梁Ⅲ最优拓扑和拉压杆模型

(a) 最优拓扑，(b) 拉压杆模型

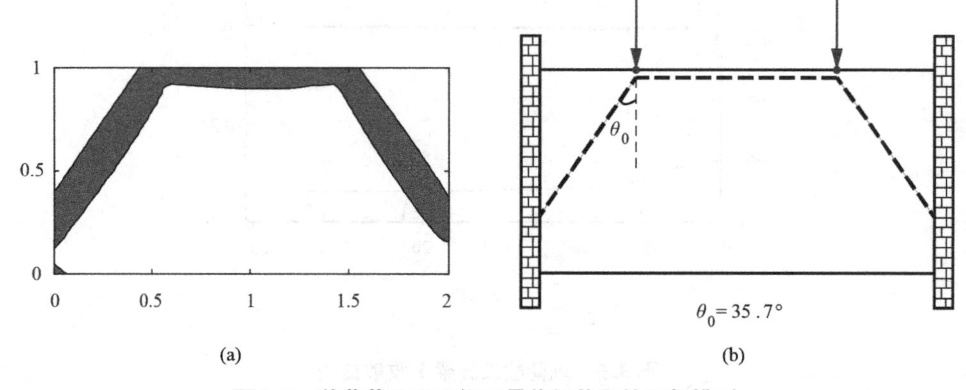

图3.8　单荷载工况下梁Ⅳ最优拓扑和拉压杆模型

(a) 最优拓扑，(b) 拉压杆模型

梁Ⅲ具有非对称的支座约束，对称荷载作用下的最优拓扑也为非对称。左侧荷载通过受压荷载路径向左侧固定支座传递；右侧荷载则分别向两侧支座传递。Michell 桁架理论[7]指出，满足应力约束的最小重量桁架，其杆件应为满应力状态。在最优桁架中，相交的拉杆和压杆必须为垂直相交，而两个拉杆或两个压杆则能以任意角度相交。图 3.7（b）中所示三个相交的拉杆和压杆，其夹角也近似为直角。由此可见，梁Ⅲ基于 MMC 拓扑优化的 STM 证实了 Michell 理论中关于拉杆和压杆垂直相交的合理性。事实上，并不是所有的拉杆和压杆必须垂直相交，而是从理论上在所有的可能相交中拉杆和压杆垂直相交是效率最高的相交形式。《公路钢筋混凝土及预应力混凝土桥涵设计规范》（JTG 3362—2018）[134]中，依据最大强度准则，只规定了拉杆和压杆之间的夹角不宜小于 25°。

当支座为两端固定支座时，单跨梁的 STM 与两端固定铰支时相类似，但两个倾斜压杆的倾斜角度有所不同。在基于拓扑优化的 STM 中，倾斜压杆与竖直线夹角 $\theta_0 = 35.7°$。实际上，根据力学原理和数学知识，可推导出倾斜压杆与竖直线所成角 θ 的解析解。图 3.9 为单荷载工况下梁Ⅳ的 STM 求解示意图。单跨梁的固定端可等效为无数个沿梁高范围的固定铰支座，则梁Ⅳ的支座约束可等效为无数个沿梁高范围的两端固定铰支座。根据 Michell 桁架理论[7]，在外荷载不变的前提下，满足应力约束的桁架，要使材料用量最少等价于使杆件所受力与杆件长度乘积之和最小。根据结点的受力平衡，可建立 STM 的杆件所受力与杆长乘积之和 W。

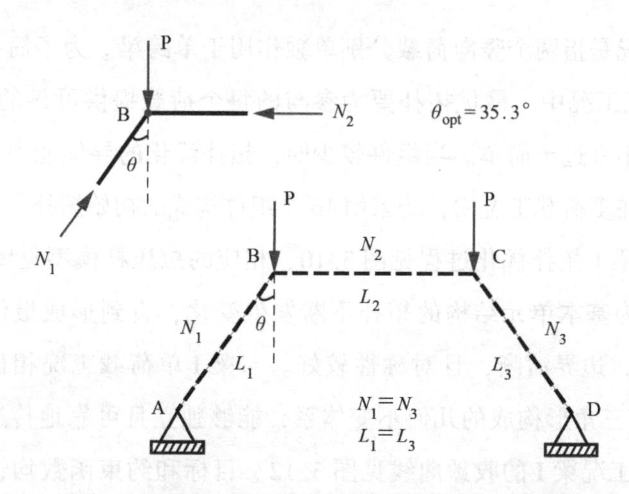

图 3.9　单荷载工况下梁 IV 拉压杆模型求解示意图

$$W = \sum_{i=1}^{3} N_i L_i = \frac{P}{\sin\theta\cos\theta} + P\tan\theta = \frac{3 - \cos2\theta}{\sin2\theta}P \tag{3.13}$$

式中，P 为竖向荷载；N_i 和 L_i 分别为第 i 个杆件的轴向压力和长度；θ 为倾斜压杆与竖直线的夹角。根据荷载和支座约束的对称性可知，左右两侧的压杆所受压力和杆长均相等。θ 的取值范围为 $13.9° \leqslant \theta \leqslant 90°$，见图 3.9。

当 W 达到最小时，材料用量最少，θ_{opt} 为最优角度。从数学上，可利用一阶导数求函数的极小值。因此，令 $x = \sin2\theta (0 \leqslant x \leqslant 1)$，可得关于 x 的函数 $W(x)$。

$$W(x) = \left(\frac{3}{x} - \sqrt{\frac{1}{x^2} - 1}\right)P \tag{3.14}$$

对 $W(x)$ 求一阶导数，得到

$$\frac{\mathrm{d}W(x)}{\mathrm{d}x} = \left(\frac{-3}{x^2} + \frac{1}{x^3\sqrt{\frac{1}{x^2} - 1}}\right)P \tag{3.15}$$

令一阶导数为0，可得该函数取极小值时对应的自变量 $x_{opt} = 0.94$。因此与之对应的最优角度 $\theta_{opt} = 0.5\arcsin0.94 = 35.3°$。这与基于拓扑优化 STM 中的角度 $\theta_0 = 35.7°$ 基本一致，这也进一步证明了基于 MMC 拓扑优化 STM 的正确性。

2. 多荷载工况

多荷载的工况是指两个竖向荷载分别单独作用于单跨梁。为了简化，组合系数均取 1.0。在多荷载工况中，最优拓扑要为参与的每个荷载提供可靠的荷载传递路径。因此，初始拓扑不宜过于简单。当组件较少时，拓扑优化的寻优能力受限，很难形成全局最优拓扑。在多荷载工况中，均采用 16 个组件构成的初始拓扑。

多荷载工况梁 I 拓扑优化过程见图 3.10，相应的拉压杆模型见图 3.11。在迭代过程中，以组件为基本单元结构的拓扑不断发生变化，直到形成最优拓扑。拓扑优化结果构型明确，边界清晰，且对称性较好。与梁 I 单荷载工况相比，多荷载工况的 STM 为由 3 个三角形构成的几何不变体系，能够独立且可靠地传递左侧和右侧竖向荷载。多荷载工况梁 I 的收敛曲线见图 3.12。目标和约束函数均快速且稳定地收敛于最优拓扑。

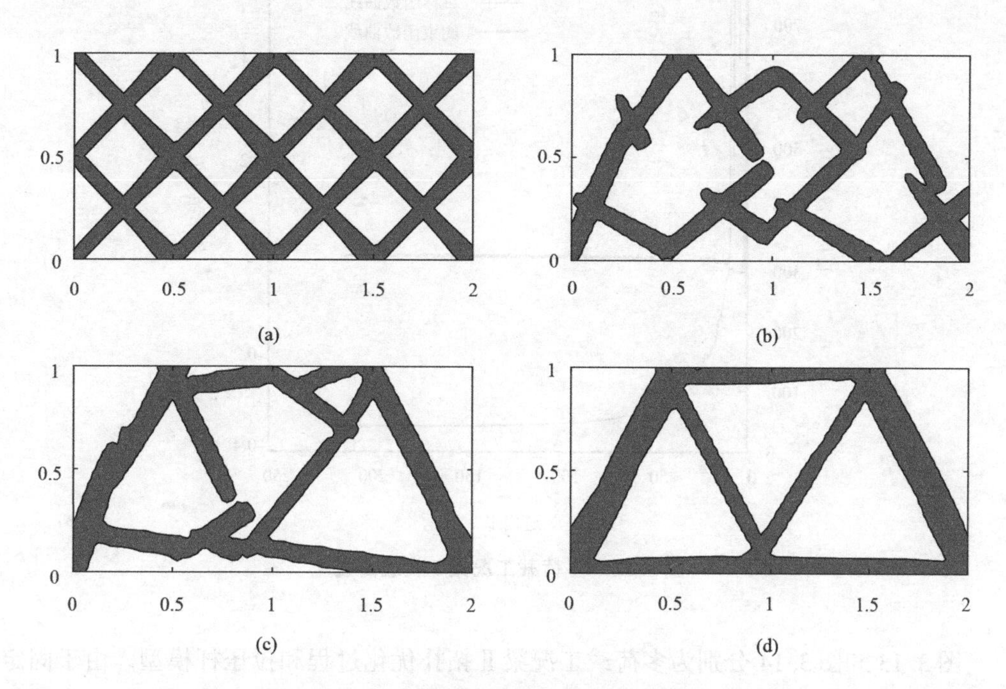

图 3.10　多荷载工况梁 I 拓扑优化过程

(a) 初始拓扑，(b) 第 30 次迭代，(c) 第 80 次迭代，(d) 最优拓扑

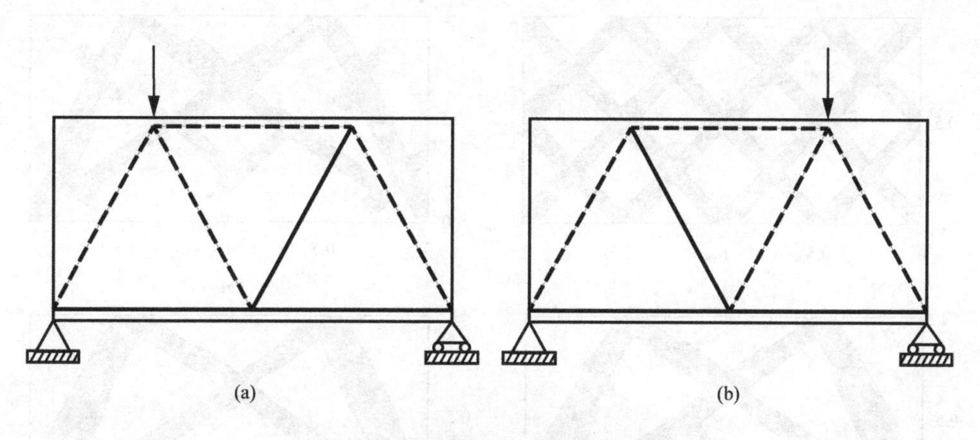

图 3.11　多荷载工况梁 I 拉压杆模型

(a) 左侧荷载，(b) 右侧荷载

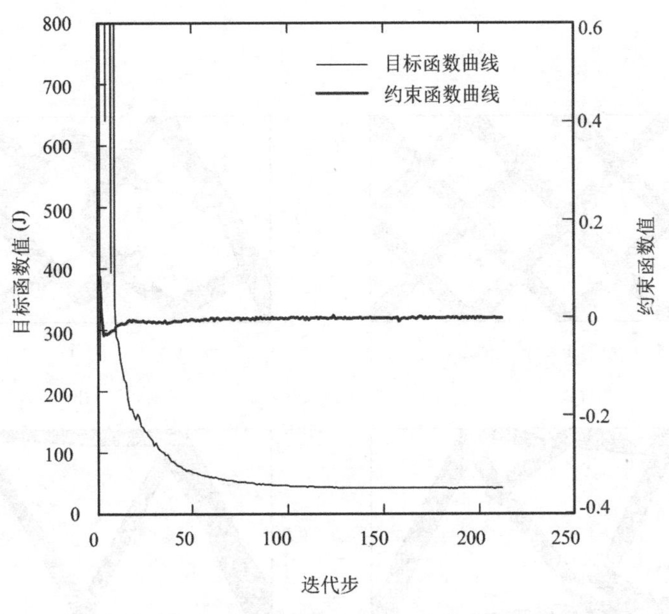

图 3.12　多荷载工况梁 I 收敛曲线

图 3.13 和图 3.14 分别为多荷载工况梁Ⅱ拓扑优化过程和拉压杆模型。由于固定铰支座可以提供水平反力，单跨梁下部不再需要水平拉杆。在单侧竖向力作用下，大部分通过压杆传递到与之较近的固定铰支座，小部分传递到与之较远的固定铰支座。图 3.14 中 0 表示杆件所受作用力为零，即零杆。

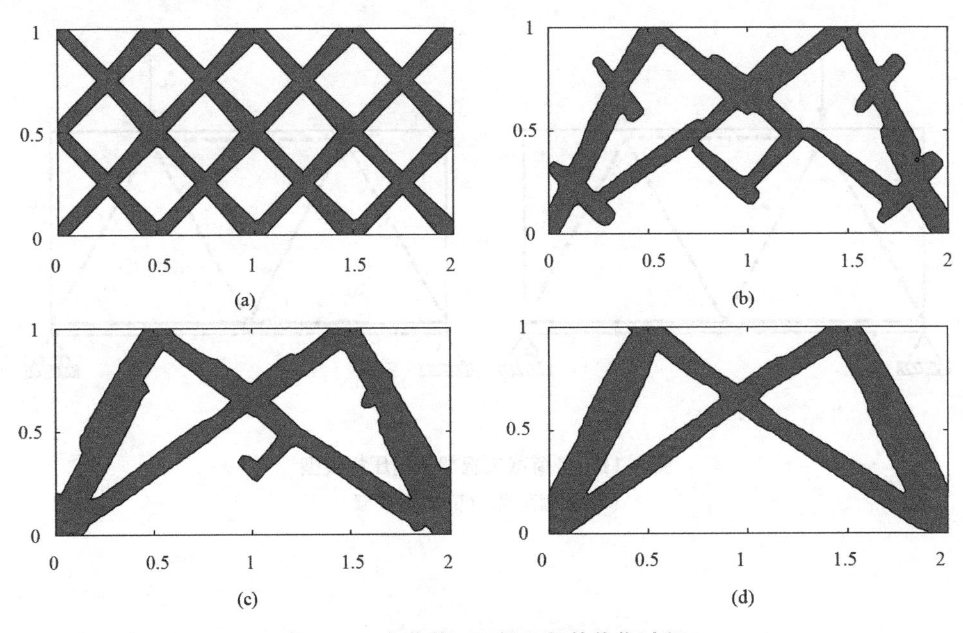

图 3.13　多荷载工况梁Ⅱ拓扑优化过程

(a) 初始拓扑，(b) 第 20 次迭代，(c) 第 50 次迭代，(d) 最优拓扑

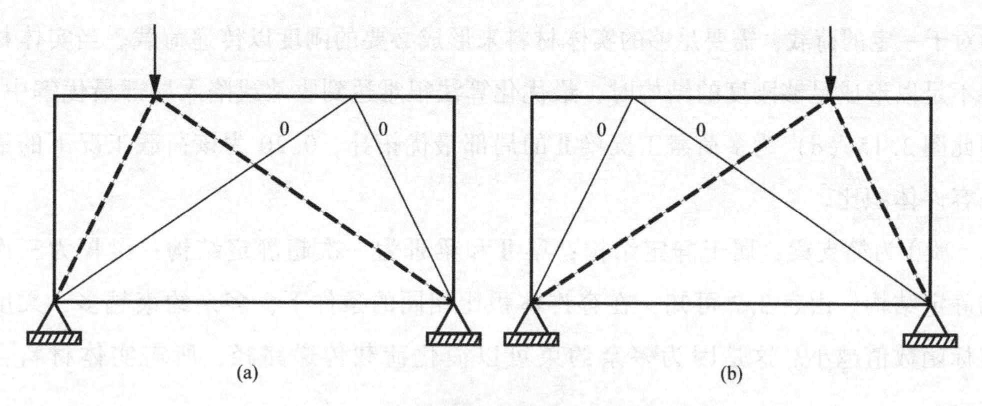

图 3.14　多荷载工况梁Ⅱ拉压杆模型

(a) 左侧荷载，(b) 右侧荷载

为了考察容许体积比对 STM 的影响，以多荷载工况梁Ⅱ为例进行了研究。图 3.15 为不同容许体积比多荷载工况梁Ⅱ的最优拓扑。表 3.2 列出了 6 类单跨梁拓扑优化相关数据。对于多荷载工况梁Ⅱ的拓扑优化，当容许体积比从 0.40 减小到 0.25 时，最优拓扑只是体积的减小，几何拓扑并未发生变化，柔度目标函数值逐渐增大。这是因为结构的刚度与材料有关。随着材料体积或质量的减小，结构刚度也会减小，柔度增大。当容许体积比为 0.20 时，最优拓扑出现明显的不对称。这是因

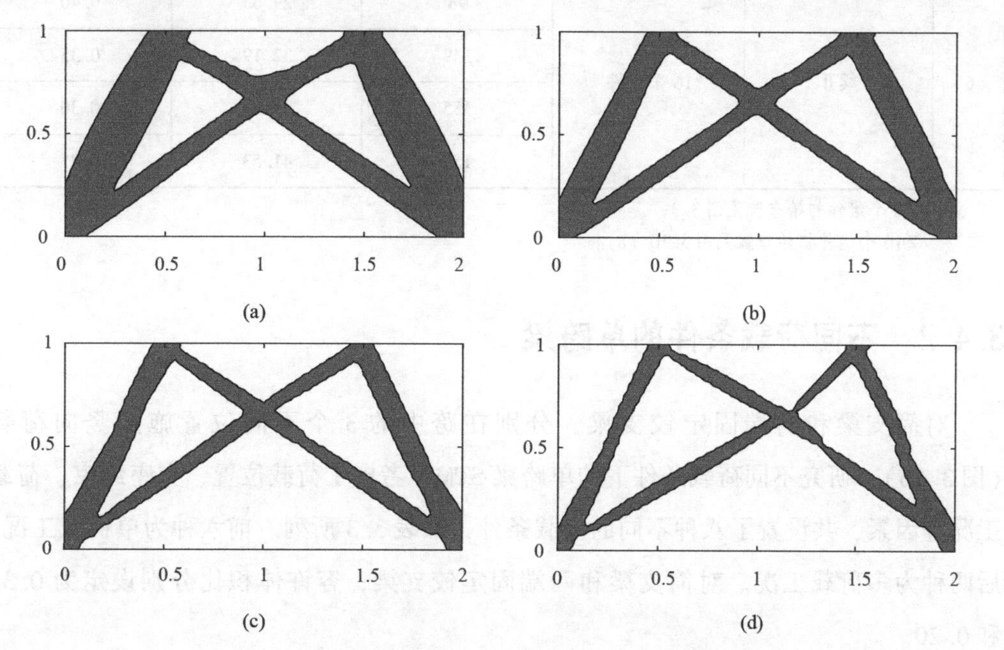

图 3.15　不同容许体积比 ($\overline{V}$) 多荷载工况梁Ⅱ最优拓扑

(a) $\overline{V}=0.40$，(b) $\overline{V}=0.30$，(c) $\overline{V}=0.25$，(d) $\overline{V}=0.20$

为对于一定的荷载，需要足够的实体材料来形成必要的刚度以传递荷载。当实体材料不足以形成足够刚度的结构时，最优化算法很难达到收敛或陷入局部最优解中。因此图3.15（d）为多荷载工况梁Ⅱ的局部最优拓扑，0.20为该荷载工况下的最小容许体积比。

梁Ⅰ为简支梁，属于静定结构；梁Ⅱ和梁Ⅲ为一次超静定结构；梁Ⅳ为三次超静定结构。由表3.2可知，在容许体积比相同的条件下，多余约束越多，柔度目标函数值越小。这是因为多余约束可以简化荷载传递路径，所需实体材料会减少。

表3.2　不同支座约束单跨梁的拓扑优化相关数据

编号	梁类型	初始布置	迭代次数	目标函数值/J	容许体积比
1	梁Ⅰ	8个组件[①]	259	50.04	0.35
2	梁Ⅱ		265	43.98	0.20
3	梁Ⅲ		281	68.84	0.20
4	梁Ⅳ		175	32.00	0.20
5	梁Ⅰ	16个组件[②]	211	42.57	0.35
6	梁Ⅱ	16个组件	98	29.65	0.40
			149	32.19	0.35
			155	35.59	0.30
			157	41.53	0.25

注：①8个组件初始布置见图3.3；
　　②16个组件初始布置见图3.10（a）。

3.4.2　不同荷载条件的单跨梁

对简支梁和两端固定铰支梁，分别在跨中的3个不同位置施加竖向荷载（图3.16），研究不同荷载条件下的单跨梁STM。考虑了荷载位置、支座约束、荷载工况等因素，共设置了八种不同的荷载条件，如表3.3所列。前六种为单荷载工况，后两种为多荷载工况。对简支梁和两端固定铰支梁，容许体积比分别设定为0.35和0.20。

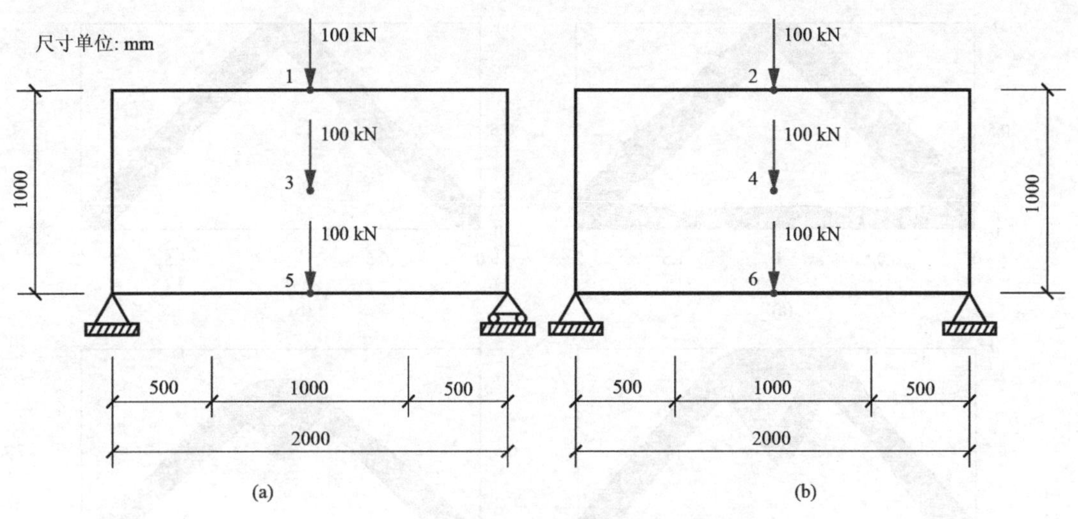

图 3.16　不同荷载工况的单跨梁计算简图

(a) 梁Ⅰ, (b) 梁Ⅱ

表 3.3　八种不同荷载条件的单跨梁

工况	荷载位置	支座约束	荷载工况	容许体积比
Ⅰ	点 1	简支支座	单荷载工况	0.35
Ⅱ	点 2	两端固定铰支		0.20
Ⅲ	点 3	简支支座		0.35
Ⅳ	点 4	两端固定铰支		0.20
Ⅴ	点 5	简支支座		0.35
Ⅵ	点 6	两端固定铰支		0.20
Ⅶ	点 1 和点 5	简支支座	多荷载工况	0.35
Ⅷ	点 2 和点 6	两端固定铰支		0.20

图 3.17 为工况Ⅰ~Ⅵ单跨梁最优拓扑。在六种不同工况下，单跨梁最优拓扑均为左右对称的杆系结构。由于支座约束的不同，相同荷载作用位置的单跨梁优化结果呈现不同的几何拓扑，主要表现为单跨梁下部缺少了水平杆件。对于相同的支座约束，不同荷载作用位置，使得优化结果几何拓扑有所不同。

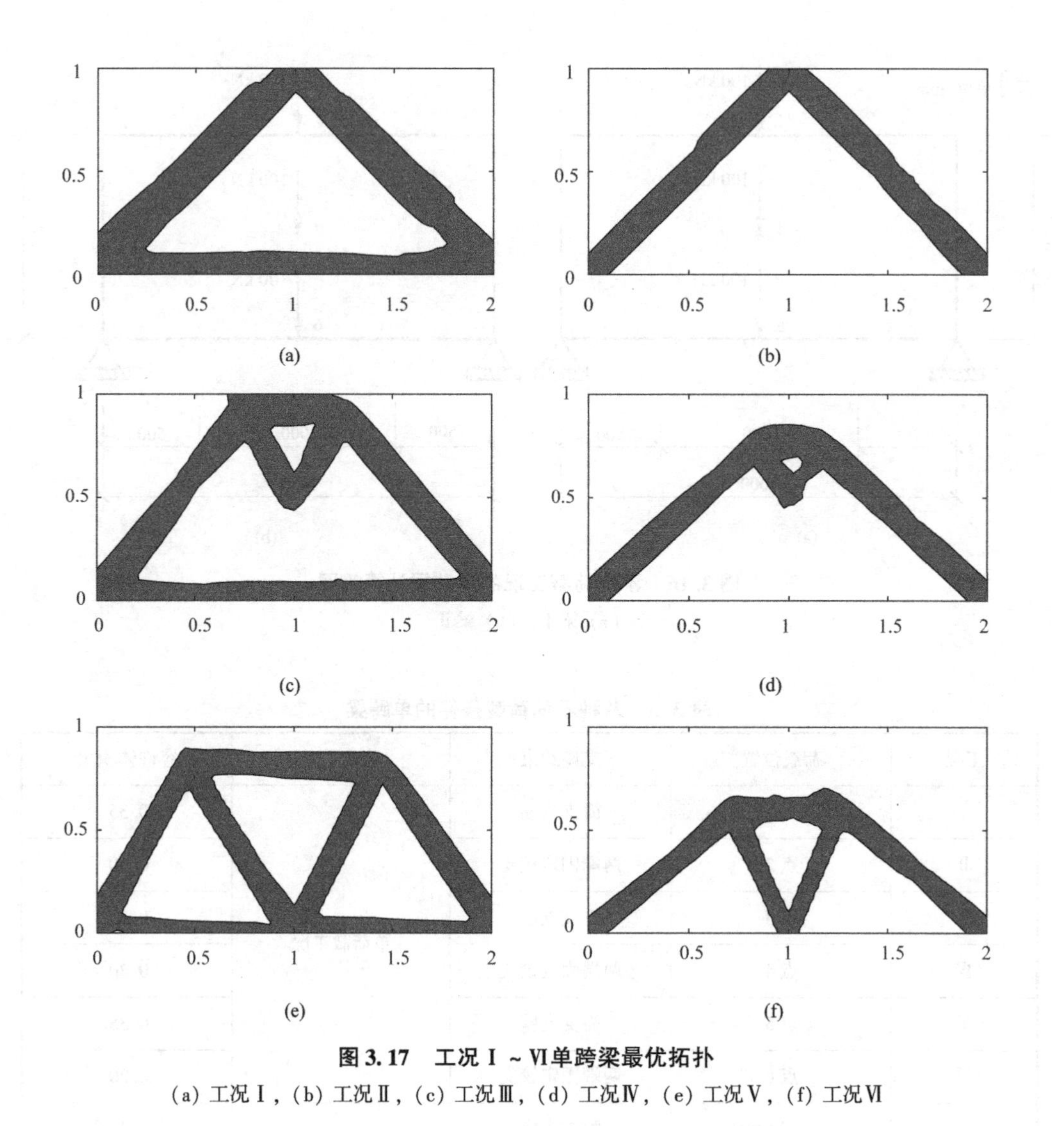

图 3.17　工况Ⅰ～Ⅵ单跨梁最优拓扑

(a) 工况Ⅰ, (b) 工况Ⅱ, (c) 工况Ⅲ, (d) 工况Ⅳ, (e) 工况Ⅴ, (f) 工况Ⅵ

工况Ⅰ～Ⅵ单跨梁 STM 见图 3.18。基于 MMC 拓扑优化的 STM 均提供了有效且可靠的荷载传递路径。水平支座反力可减少 STM 中水平拉力的传递。当荷载作用于梁顶部时，跨中集中荷载通过两个对称的压杆向两侧支座传递；当荷载作用于深中部和底部时，竖向荷载经由一组伞状拉杆向折线型压杆传递，最后传递至支座处。工况Ⅳ单跨梁 STM 与 Michell 桁架[7,202]基本一致，拉杆和倾斜压杆所成角度接近于直角（图 3.18（d））。

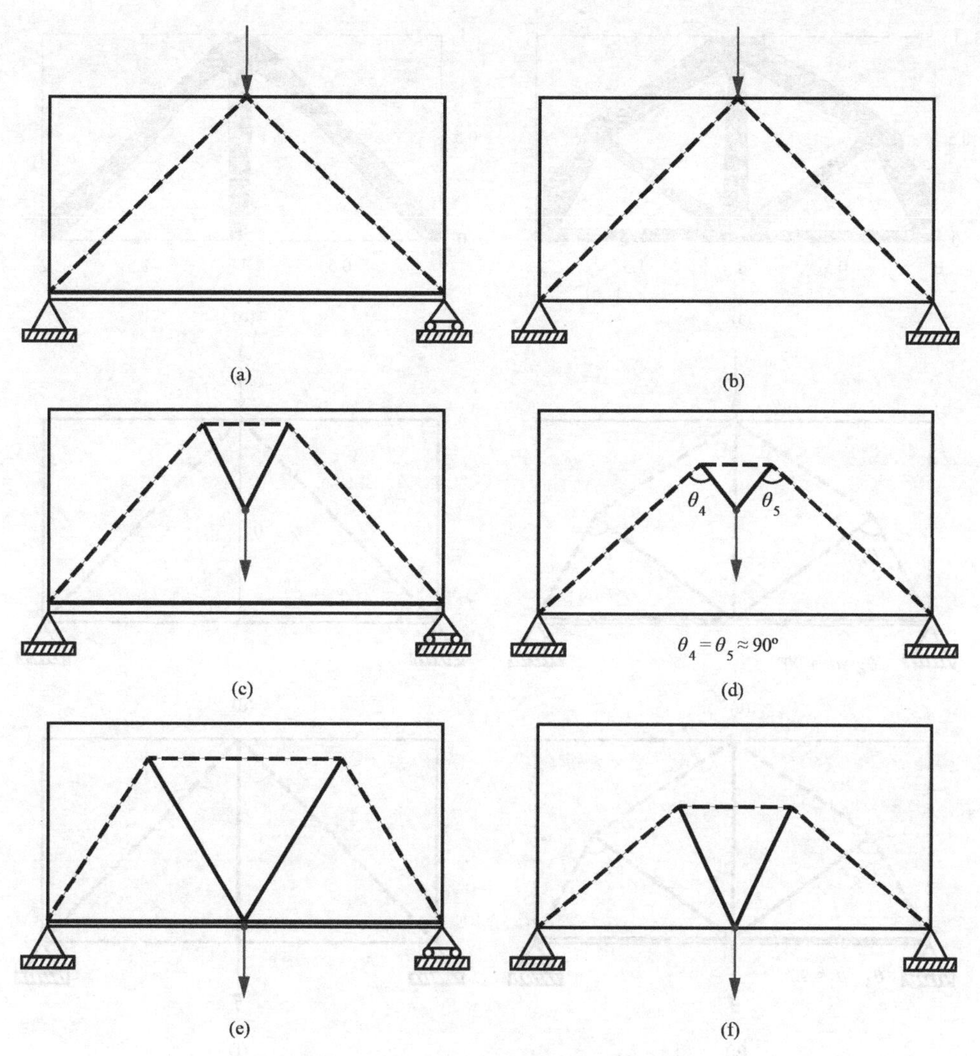

图 3.18　工况Ⅰ～Ⅵ单跨梁拉压杆模型

(a) 工况Ⅰ, (b) 工况Ⅱ, (c) 工况Ⅲ, (d) 工况Ⅳ, (e) 工况Ⅴ, (f) 工况Ⅵ

多荷载工况单跨简支梁和两端固定铰支梁的最优拓扑和 STM 见图 3. 19。在多荷载工况下，STM 为稳定的几何不变体系，能为每一个荷载提供可靠的荷载传递路径。在工况Ⅶ单跨梁 STM（图 3. 19（c）或（e））中，倾斜拉杆与底部倾斜压杆呈直角相交。这与 Michell 桁架理论也是相吻合的。Michell 桁架理论认为，相交的压杆和拉杆须保持正交。

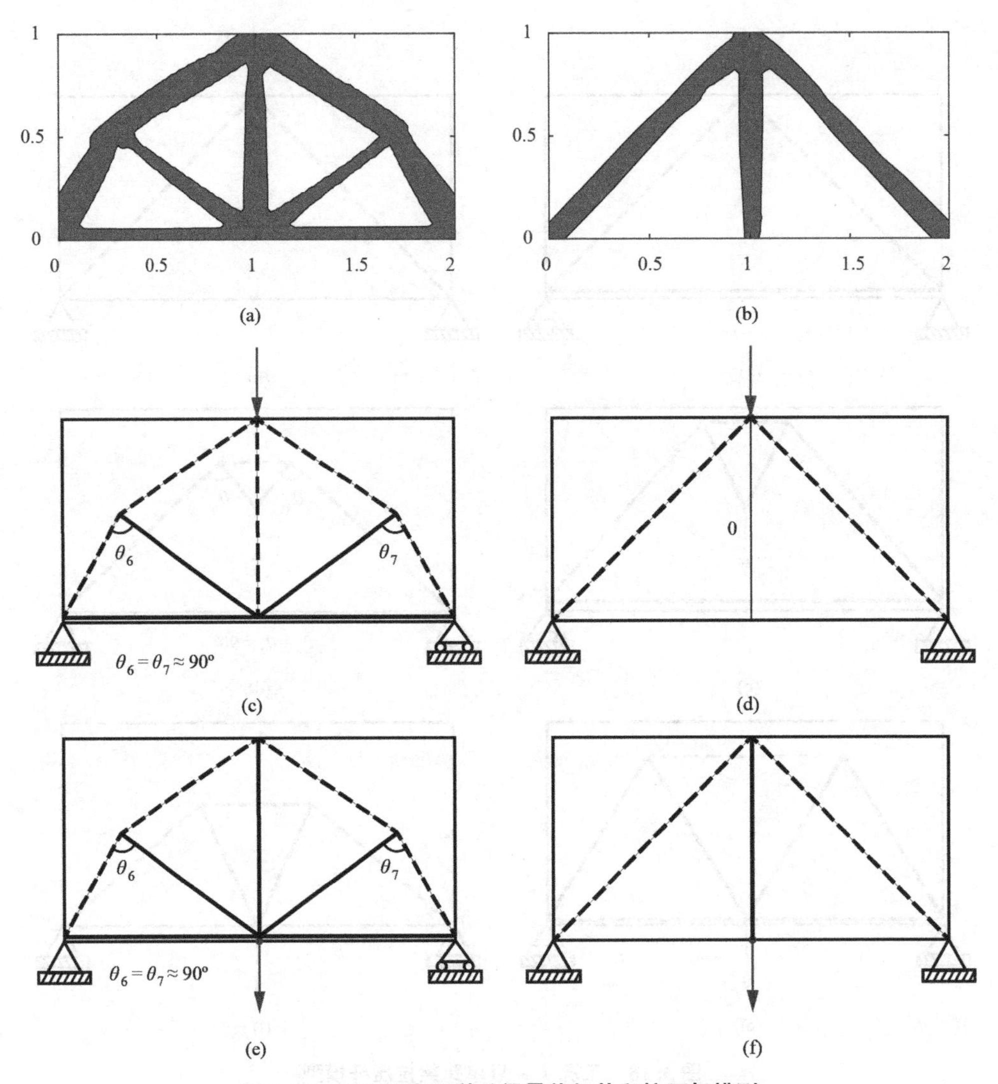

图 3.19　工况Ⅶ和Ⅷ单跨梁最优拓扑和拉压杆模型

(a) 工况Ⅶ最优拓扑，(b) 工况Ⅷ最优拓扑，(c) 工况Ⅶ顶部荷载 STM，
(d) 工况Ⅷ顶部荷载 STM，(e) 工况Ⅶ底部荷载 STM，(f) 工况Ⅷ底部荷载 STM

为了对比，采用 SIMP 方法对工况Ⅶ和Ⅷ单跨梁进行了拓扑优化（图 3.20）。SIMP 方法以经典的 99 行 MATLAB 代码为基础，采用 MMA 作为最优化算法。采用较小的过滤半径产生的最优拓扑（图 3.20（a）和（c））在部分区域会出现棋盘格现象，形成混沌的几何拓扑。经增大过滤半径后，最优拓扑（图 3.20（b）和（d））呈现清晰的几何拓扑，与基于 MMC 拓扑优化方法产生的最优拓扑几乎一致。然而，基于 SIMP 的最优拓扑在构件的边缘仍存在大量灰度单元，这会导致

在构建 STM 时存在一定的困难。表 3.4 汇总了不同荷载条件下单跨梁拓扑优化相关数据。

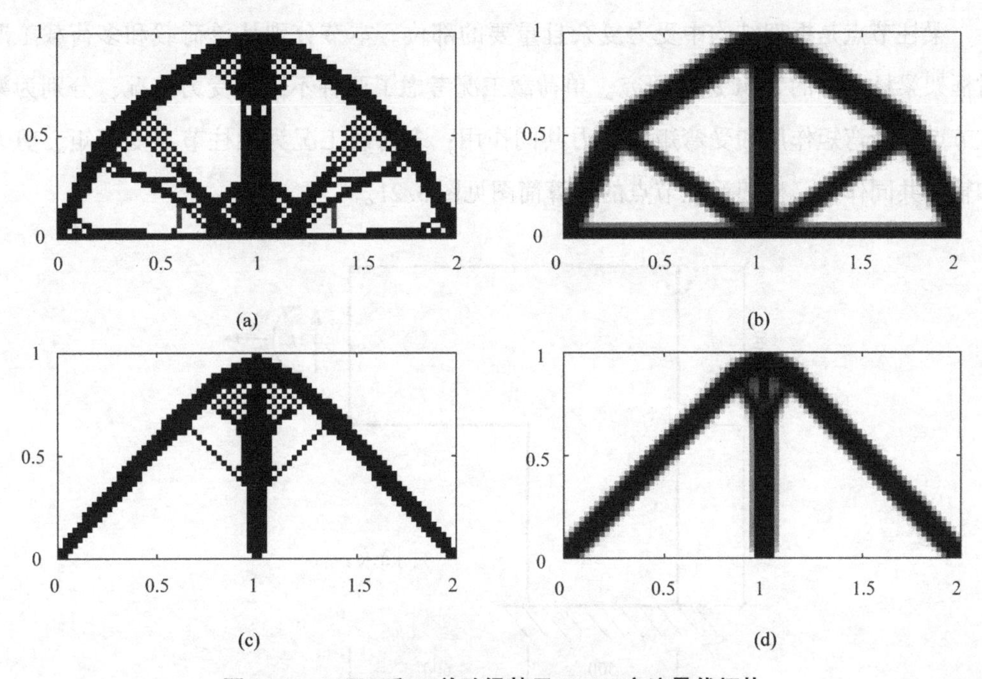

图 3.20　工况Ⅶ和Ⅷ单跨梁基于 SIMP 方法最优拓扑

(a) 工况Ⅶ (过滤半径 1.0), (b) 工况Ⅶ (过滤半径 1.6),
(c) 工况Ⅷ (过滤半径 0.6), (d) 工况Ⅷ (过滤半径 1.5)

表 3.4　不同荷载条件的单跨梁拓扑优化相关数据

工况	初始布置	迭代次数	目标函数值/J	容许体积比
Ⅰ	16 个组件①	176	92.19	0.35
Ⅱ		166	73.69	0.20
Ⅲ		788	92.95	0.35
Ⅳ		273	82.28	0.20
Ⅴ		388	107.86	0.35
Ⅵ		167	113.90	0.20
Ⅶ		199	50.34	0.35
Ⅷ		149	56.57	0.20

注：①16 个组件初始布置见图 3.10 (a)。

3.4.3 框架梁柱节点

梁柱节点是框架结构中受力复杂且重要的部位。本节分别从单荷载和多荷载工况对框架梁柱节点的STM进行研究。单荷载工况考虑了两种不同的受力情况，分别为梁柱节点仅受弯矩作用和受弯矩和剪力共同作用；多荷载工况为梁柱节点受弯矩、剪力和轴力共同作用。框架梁柱节点的计算简图见图3.21。

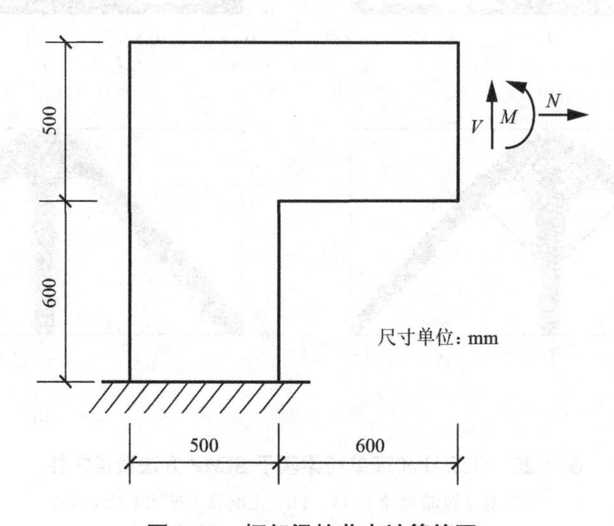

图3.21 框架梁柱节点计算简图

为了对比，梁宽与柱厚均为300 mm，容许体积比为0.4。有限单元的边长为25 mm。在所有工况中，框架梁柱节点初始拓扑均由24个组件构成，见图3.22。

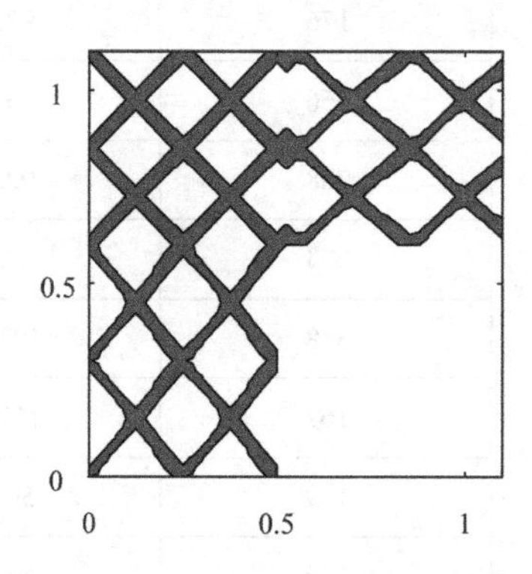

图3.22 框架梁柱节点初始拓扑

1. 梁柱节点受弯矩作用

当弯矩、剪力和轴力大小分别为M=40 kN·m，V=0 kN，N=0 kN时，梁柱节点承受弯矩作用，属于单荷载工况。在有限元模型中，弯矩是通过施加一对力偶来实现的。具体做法为在梁端施加一对大小为100 kN的水平力，垂直距离为400 mm。图3.23直观地展示了受弯矩作用的梁柱节点拓扑优化过程。在优化过程中，中间组件逐渐向框架节点边缘聚拢。在节点核心区内，中间组件形成两个主要受力杆件。图3.23（d）为基于拓扑优化的STM。在STM中，水平向右的拉力沿节点内侧边缘的受拉路径传递到固定支座；水平向左的压力沿节点外侧边缘的受压路径传递到固定支座；通过两个相交拉杆来连接这两条独立的荷载路径。图3.24为梁柱节点在弯矩作用下，目标和约束函数的收敛曲线。经过239次迭代，目标函数快速且稳定地收敛于51.68 J。

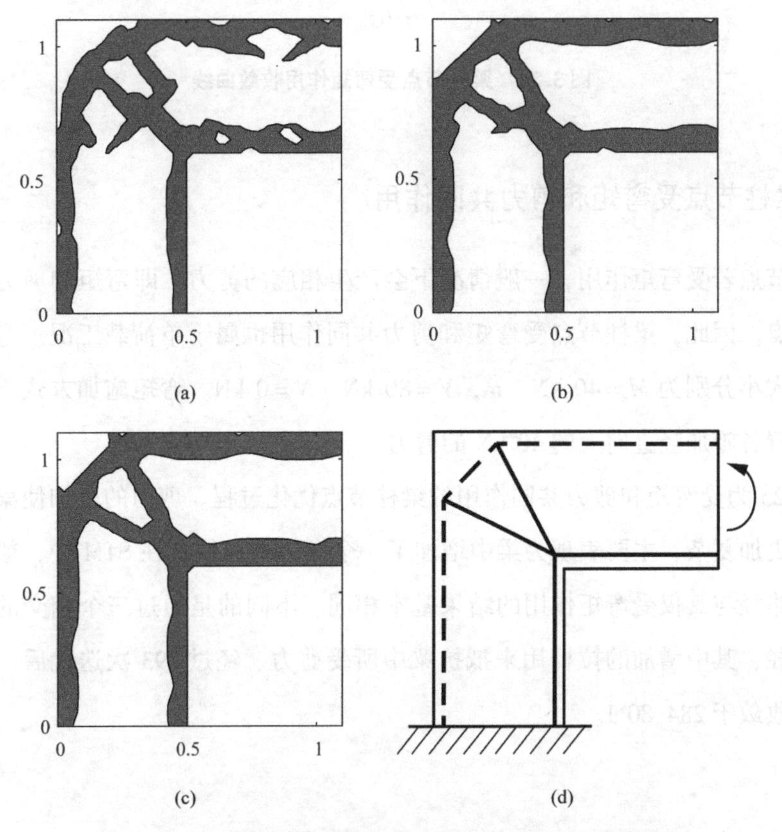

图3.23　仅受弯矩作用梁柱节点优化过程和拉压杆模型

(a) 第50次迭代，(b) 第130次迭代，(c) 最优拓扑，(d) 拉压杆模型

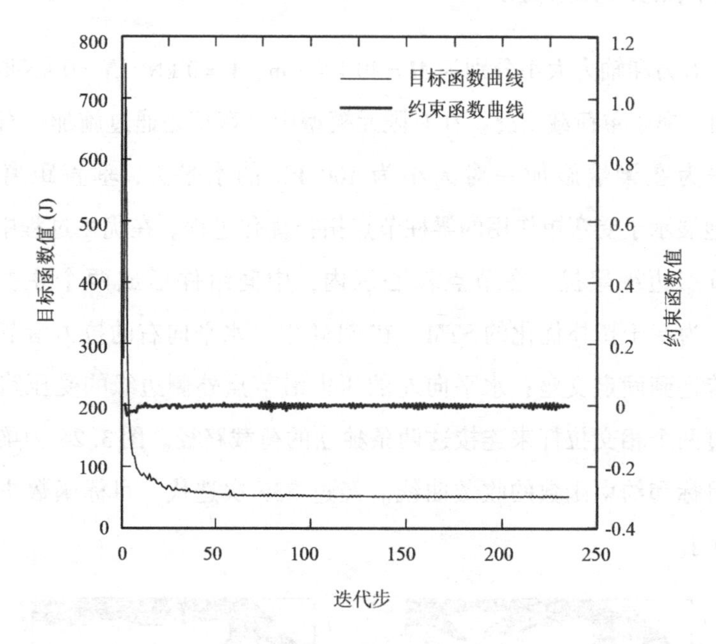

图 3.24 梁柱节点受弯矩作用收敛曲线

2. 梁柱节点受弯矩和剪力共同作用

梁柱节点若受弯矩作用，一般情况下会产生相应的剪力，即弯矩和剪力同时作用于梁柱节点。因此，梁柱节点受弯矩和剪力共同作用也属于单荷载工况。弯矩、剪力和轴力的大小分别为 $M=40$ kN·m，$V=80$ kN，$N=0$ kN。弯矩施加方式不变。在弯矩作用位置各施加竖直向上的 40 kN 的剪力。

图 3.25 为受弯矩和剪力共同作用的梁柱节点优化过程。剪力的增加使梁柱节点的最优拓扑更加复杂，主要表现为梁中增加了一个倾斜的杆件。在 STM 中，梁柱节点受拉和受压路径与其仅受弯矩作用的结果基本相同。不同的是通过三个相交的拉杆连接的荷载路径，其中增加的拉杆用来抵抗梁中所受剪力。经过 693 次迭代后，结构柔度目标函数收敛于 284.80 J。

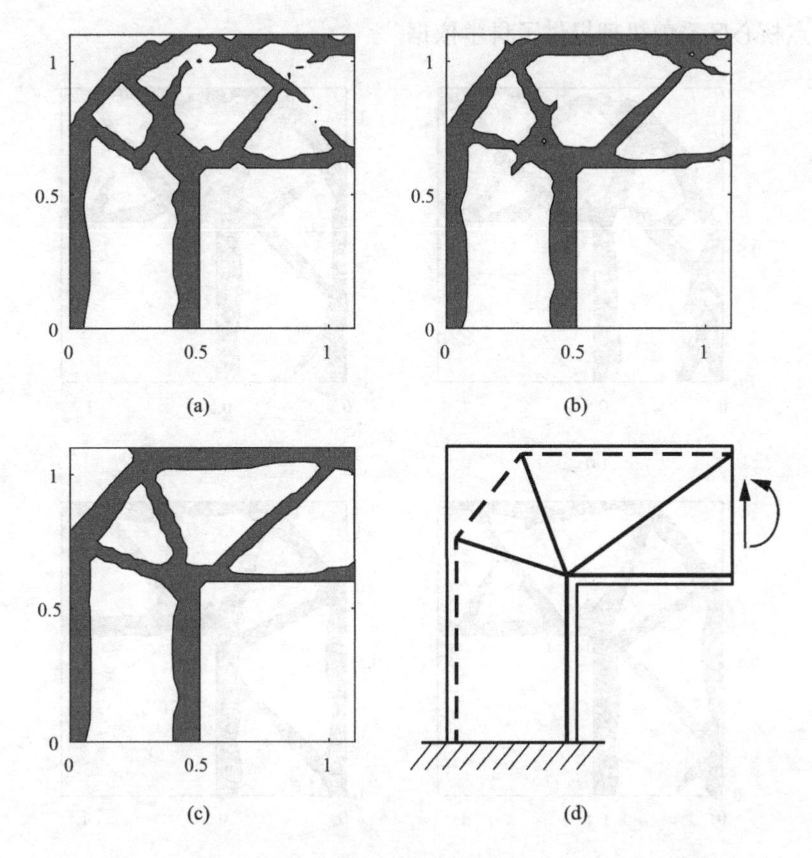

图3.25 受弯矩和剪力共同作用梁柱节点优化过程和拉压杆模型

(a) 第100次迭代,(b) 第400次迭代,(c) 最优拓扑,(d) 拉压杆模型

3. 梁柱节点受弯矩、剪力和轴力共同作用

在抗风和抗震设计中,梁柱节点不仅要承受竖向荷载,还要承受水平风荷载和地震作用。此时梁柱节点分别要承受竖向荷载产生的弯矩和剪力,也要承受水平荷载产生的轴力,属于多荷载工况。弯矩、剪力和轴力的大小分别为 $M=40$ kN·m,$V=80$ kN,$N=80$ kN,组合系数取1.0。弯矩和剪力的施加方式不变,在弯矩作用位置各施加水平向右的40 kN的轴力。

图3.26和图3.27分别为受弯矩、剪力和轴力共同作用的梁柱节点优化过程和相应的STM。在多荷载工况下,梁柱节点应力分布更加复杂,最优拓扑为5个三角形构成的几何不变体系。优化分析所用迭代次数为396,最小目标函数值为366.62 J。基于拓扑优化的STM直观地展示了框架顶层端节点在多荷载工况下的荷载传递路径,为揭

示梁柱节点核心区受剪机理提供了科学依据。

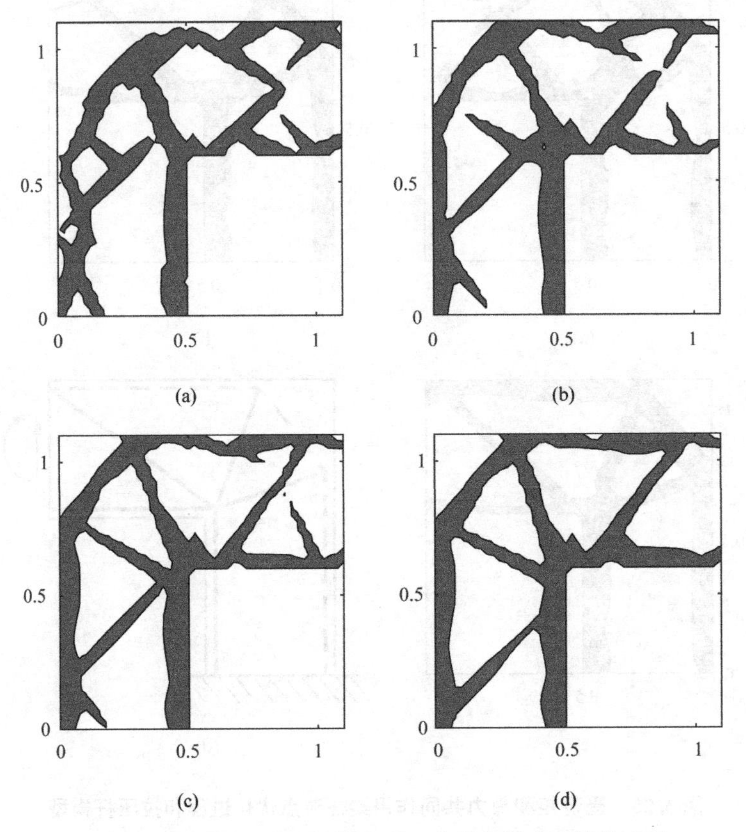

图 3.26 受弯矩、剪力和轴力共用作用梁柱节点优化过程

(a) 第 50 次迭代, (b) 第 100 次迭代, (c) 第 200 次迭代, (d) 最优拓扑

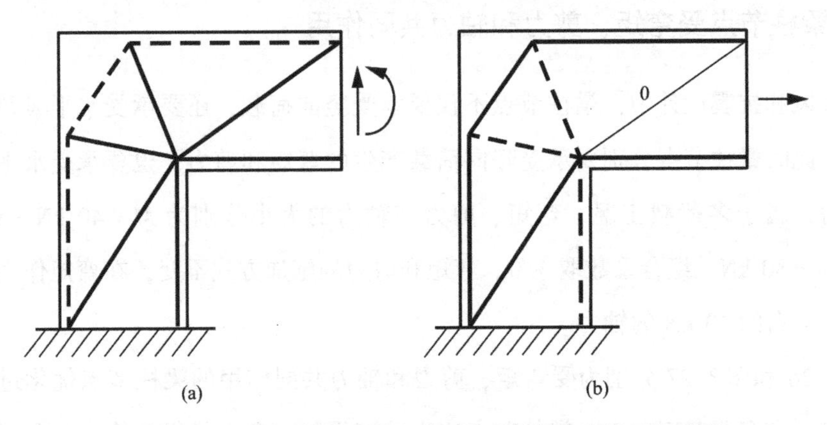

图 3.27 受弯矩、剪力和轴力共同作用梁柱节点拉压杆模型

(a) 弯矩和剪力作用, (b) 轴力作用

为了对比不同拓扑优化方法，对多荷载工况的梁柱节点采用SIMP进行拓扑优化。SIMP方法经典的99行优化代码，最优化算法分别采用OC法和MMA。多荷载工况梁柱节点SIMP方法优化结果见图3.28。虽然SIMP方法产生了较为清晰的最优拓扑，但是最优拓扑均存在锯齿状的边界和灰度单元。SIMP方法与MMC方法的拓扑优化结果虽然几何拓扑不同，但是若在SIMP方法中忽略灰度单元较多的部分，则这两种方法产生的最优拓扑基本一致。

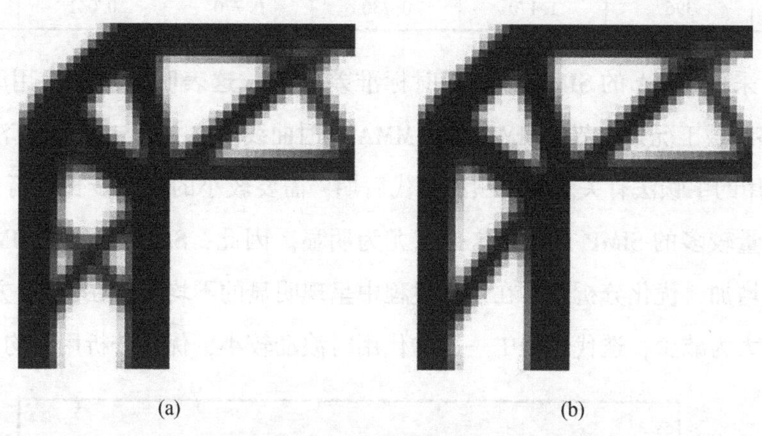

(a)　　　　　　　　　　(b)

图3.28　多荷载工况梁柱节点SIMP方法优化结果

(a) 移动渐近线法，(b) 最优准则法

多荷载工况梁柱节点MMC和SIMP方法一个典型迭代步CPU时间比较如表3.5所列。虽然采用了相同的有限单元网格，由于不同的拓扑优化代码有限元实现的方式略有不同，所涉及的计算量有所差别，导致有限元分析用时有所不同。在采用MMA的优化分析中，设计变量由1 360个（SIMP）大幅减少为168个（MMC），因此优化分析MMC方法比SIMP用时减少97%。

表3.5　多荷载工况梁柱节点MMC和SIMP方法一个典型迭代的CPU时间比较

方法	CPU时间/s		
	有限元分析	优化分析（灵敏度分析+OC/MMA）	合计
SIMP+OC	0.210 5	0.030 5（0.022 4+0.008 1）	0.241 0
SIMP+MMA	0.234 2	10.226 5（0.029 9+10.196 6）	10.460 7
MMC+MMA	0.476 1	0.302 2（0.295 8+0.006 4）	0.778 3

为了全面考察MMC方法与SIMP方法的计算效率，分析了多荷载工况梁柱节点MMC和SIMP方法求解的总用时，如表3.6所列。总体上，SIMP方法由于变量为单一

种类，所需迭代次数较少。采用OC的SIMP方法总用时最少，而采用MMA的SIMP方法用时最长。采用MMA的优化方法中，MMC方法比SIMP方法总用时减少了约77%。

表3.6 多荷载工况梁柱节点MMC和SIMP方法求解用时比较

方法	迭代数	最长用时/s	最短用时/s	平均用时/s	标准差	总用时/s
SIMP+OC	115	0.290	0.220	0.230	0.012	26.600
SIMP+MMA	54	100.180	6.380	24.680	27.020	1 332.930
MMC+MMA	396	1.170	0.730	0.770	0.041	305.740

此外，采用MMA的SIMP方法用时标准差较大，这表明每次迭代用时较离散。图3.29为多荷载工况梁柱节点SIMP方法MMA用时曲线。这主要与MMA算法在子问题求解时所采用的牛顿法有关。在牛顿法迭代后期，需要较小的牛顿步长进行全局寻优。对于设计变量较多的SIMP方法，这一点尤为明显。因此，SIMP方法中MMA用时随迭代数不断增加，优化分析用时在迭代过程中呈现明显的不均衡。在MMC方法中，由于设计变量大为减少，迭代过程中一次迭代用时波动较小，优化分析用时均衡合理。

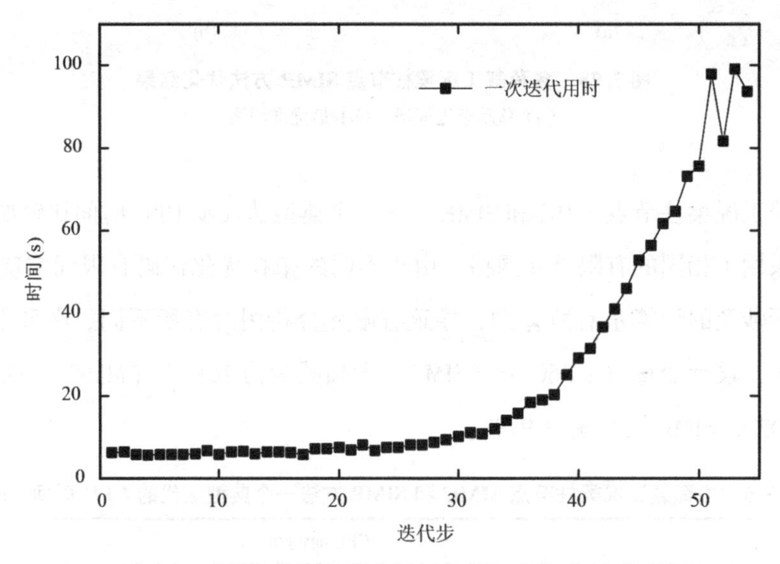

图3.29 多荷载工况梁柱节点SIMP方法MMA用时曲线图

3.5 基于MMC拓扑优化桥梁横截面研究

以MMC拓扑优化为工具，研究桥梁横断面的最优拓扑和相应STM，为桥梁工程横断面设计提供科学依据。桥梁所受结构重力和汽车荷载简化为两个竖向集中力，桥梁支座简化为简支支座，桥梁横断面计算简图见图 3.30。桥梁横断面初始设计域为 9 m×3 m 的矩形域，采用 120×40 的有限元网格进行单元划分，单元类型为平面四结点等参单元。在有限元分析中，弹性模量为 28 576 MPa，泊松比为 0.15，沿纵向长度取 0.25 m。

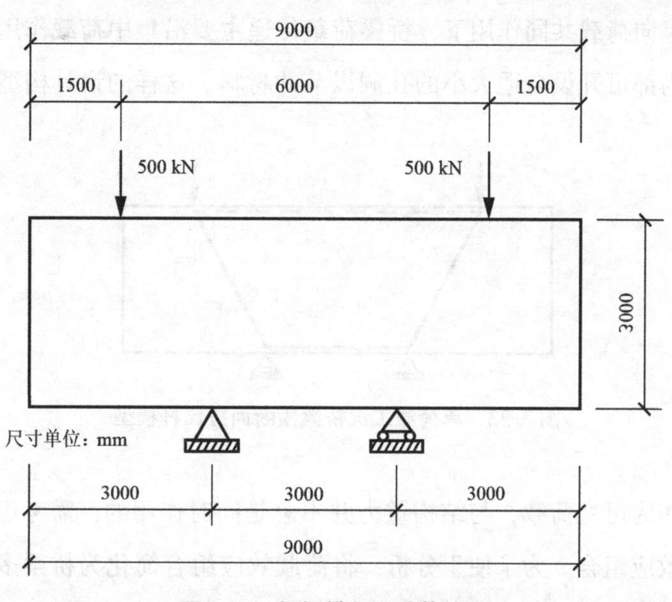

图 3.30　桥梁横断面计算简图

桥梁在单荷载工况下，两个竖向荷载同时作用于桥面上。初始拓扑由八个组件构成（图 3.31（a））。拓扑优化过程和相应的 STM 分别见图 3.31 和图 3.32。以图 3.31

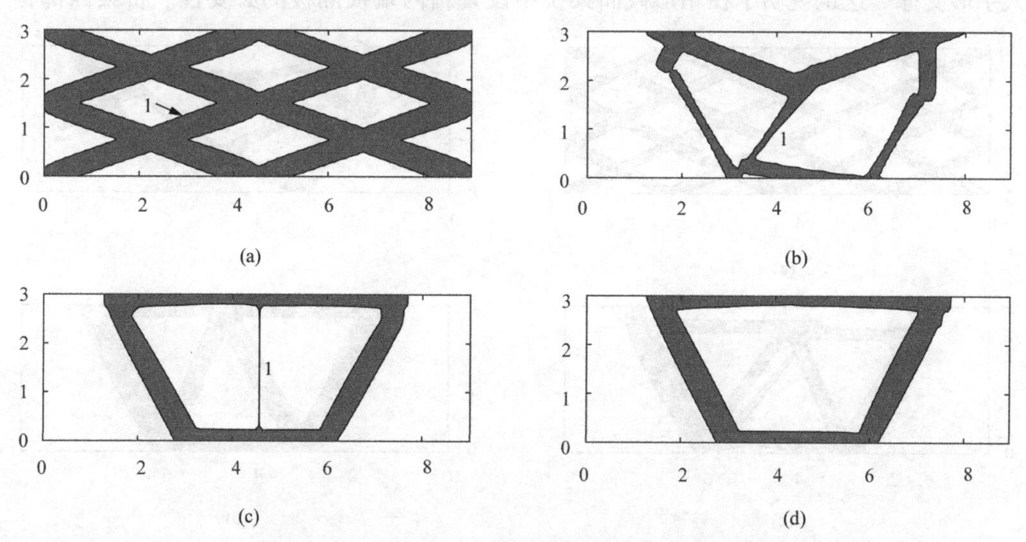

图 3.31　单荷载工况桥梁横断面拓扑优化过程

（a）初始拓扑，（b）第 20 次迭代，（c）第 100 次迭代，（d）最优拓扑中组件 1 为例来进行说明组件在优化过程中的动态变化。在优化过程，组件 1 中心点位置、宽度和倾角均发生变化。经第 100 次迭代后，宽度达到最小，倾角为 90°。此后组件 1 长度逐渐减小，直至为零，从而在最优拓扑中消失。单荷载工况下的最优拓扑表明，在两个竖向荷载共同作用下，桥梁荷载传递主要沿集中荷载作用点至较近的支座传递，桥梁内部可开设合适大小的孔洞以节约材料。这样的设计构型正好与箱形截面梁相吻合。

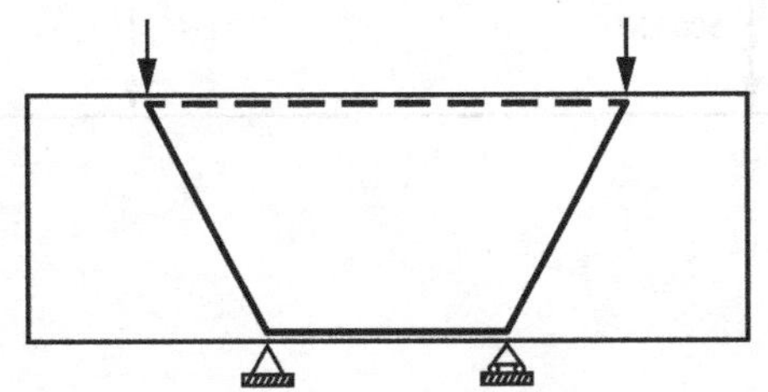

图 3.32　单荷载工况桥梁横断面拉压杆模型

汽车荷载作为可变荷载，与结构重力并不总是同时作用的，需考虑永久荷载和可变荷载的荷载效应组合。为了便于分析，将荷载效应组合简化为桥梁多荷载工况，即左侧和右侧竖向荷载分别作用于桥面。采用 24 个组件进行拓扑优化，多荷载工况桥梁横断面拓扑优化过程和 STM 分别见图 3.33 和图 3.34。最优拓扑和相应的 STM 表明，在多荷载工况中，为了可靠地分别传递单侧的竖向荷载，在桥梁跨中区域需设置一个人字形支撑。这也说明了在箱形截面梁桥中设置箱内端横隔板的必要性。桥梁内部构

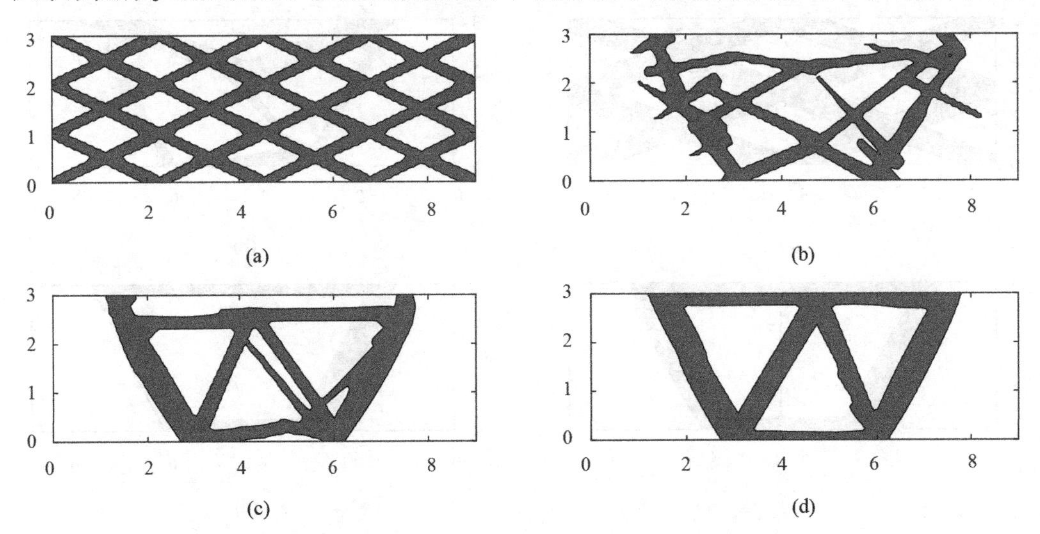

图 3.33　多荷载工况桥梁横断面拓扑优化过程

(a) 初始拓扑，(b) 第 50 次迭代，(c) 第 220 次迭代，(d) 最优拓扑

件 AB 和 AC 承受拉压重复荷载，可在横隔板相应位置设置隐藏的加强构件并针对性地加强配筋。

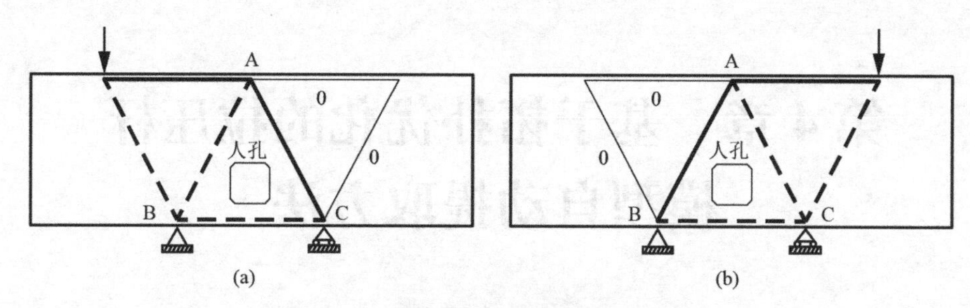

图 3.34　多荷载工况桥梁横截面拉压杆模型

(a) 左侧荷载，(b) 右侧荷载

此外，最优拓扑和相应的 STM 也为检查用人孔的设置提供了一些有价值的参考。一般来说，人孔应设置于受力较小区域，且避免阻断荷载传递路径。因此，可将人孔中心设置于人字形支撑和底部水平压杆组成的三角形 ABC 的重心处（图 3.34）。

3.6　本章小结

本章提出了多荷载工况 STM 的拓扑优化构建方法，开展了桥梁横断面的拓扑优化设计，并得到以下结论。

(1) 单荷载工况下 STM 为几何可变体系，而多荷载工况下 STM 为几何不变体系。提高支座约束程度，可简化荷载传递路径；增加支座约束，会优化并增加荷载路径；不对称的支座约束，会形成不对称且较复杂的荷载传递路径。

(2) 荷载作用位置会显著影响构件的 STM。不同荷载条件下的 STM，符合 Michell 桁架理论。单荷载工况下两端固定梁的 STM 数值解与解析解基本吻合。

(3) 桥梁横断面的 STM 分析为箱内横隔梁和检查用人孔提供了设计建议，也为箱形截面梁桥的横断面设计提供了科学依据。

第4章 基于拓扑优化的拉压杆模型自动提取方法

4.1 概述

借助拓扑优化构建拉压杆模型已经成为一种共识。然而，从拓扑优化结果到拉压杆模型的自然过渡，这一重要问题长期被人们忽视，关于这方面的研究也较少。Lin 和 Chao[204]提出一个完全自动化的结构优化体系，该体系先将拓扑优化的灰度图像转化为参数化的结构模型，再对其进行形状和尺寸优化，从而获得边界光滑的最优设计；Hsu 等[205]提出了一种将三维 SIMP 最优拓扑描述为光滑的 CAD 模型的方法；Zhang 等[206]采用形态学中的骨架化算法[207-208]，提出了一种基于 SIMP 方法的显式长度规模控制方法；Nana 等[209]提出了一种从三维 SIMP 优化结果到类梁的光滑结构的自动几何重建方法。

从拓扑优化结果到拉压杆模型，一是人为因素多，随意性大；二是需要烦琐的手动操作。为了实现从拓扑优化结果到 STM 的自动化，基于拓扑优化的拉压杆模型自动提取可采用计算机图形学中的骨架提取算法。根据是否采用模型的内部信息，骨架提取大体上可分为实体方法和几何方法两种。实体方法又分为细化方法[207,210-212]和距离场方法[213-214]。常见的几何方法包括 Voronoi 图法[215-218]、Reeb 图法[219]和基于几何收缩的拉普拉斯方法[220-221]。对于具有显式特性的 MMC 方法，几何方法应成为其首选，而基于几何收缩的拉普拉斯方法多用于空间问题，故对基于 MMC 拓扑优化的 STM 提取采用 Voronoi 提取法。对于基于单元像素的 SIMP 方法，基于像素的细化方法更加适用。

对于一般化的类桁架，拉压杆模型的杆件应为二力杆件。然而，自动提取的 STM 并非桁架结构，其受力形式与框架结构类似，因此被称为“框架结构”。此外，该框架结构在杆件平行性和对称性方面也较为欠缺。为此，以自动提取的框架结点为设计变量进行形状优化，以期获得受力合理且几何规则的STM，实现从框架结构到桁架结构的质变。

本章提出了由骨架提取、框架提取和形状优化构成的STM自动提取方法。根据不同的骨架提取方法，STM自动提取方法又分为基于MMC的Voronoi提取法和基于SIMP的细化提取法。在形状优化中，以类桁架指标为约束条件，使框架结构的应变能达到最小，从而得到以轴力为主的STM。

4.2　Voronoi 提取法

Voronoi提取法以MMC优化结构为基础，经过骨架提取、框架提取和形状优化，最终形成受力合理且几何规则的STM。Voronoi提取法的流程见图4.1。以下从基本概念、骨架提取和框架提取三部分对Voronoi提取法进行阐述。

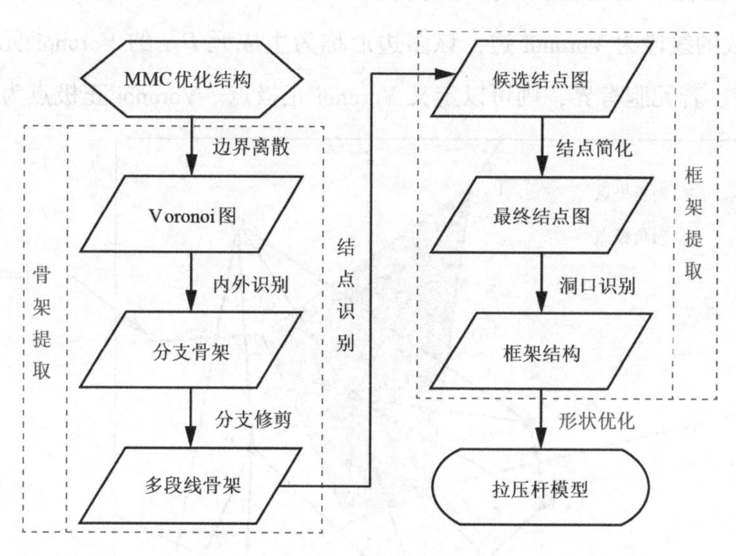

图4.1　Voronoi提取法流程图

4.2.1　基本概念

1. 骨架和中轴

在数学上，骨架定义为图形的极大开球的球心的集合。它在角色动画和网格变形领域中被广泛使用。中轴定义为图形极大内切球球心的集合，在平面图形中，中轴往往为平面曲线，因此也称为中轴线。对于平面图形，骨架和中轴并不完全相同，区别甚至是微不足道的。为了统一，书中统一采用骨架来进行叙述，将骨架和中轴完全等同。

2. Voronoi 图和 Delaunay 三角剖分

Voronoi 图是根据一组共面点对平面的一种剖分。在每一点周围形成一个多边形，多边形内任一点到该点的距离比到组中其他点的距离更近。组中所有点的 Voronoi 多边形的集合称为 Voronoi 图。由于 Voronoi 在平面部分上的等分性特征，可以用来近似平面图形的骨架。Delaunay 三角剖分是将平面划分为一系列相连且不重叠的三角形，这些三角形满足空圆性质的一种三角剖分。

图 4.2 为平面内 8 个点的 Voronoi 图和 Delaunay 三角剖分。以点 P_1 为例，在其周围形成一个多边形，故这些共面点也称为生成元。多边形的顶点 $V_1, \cdots, V_5$ 为 Voronoi 点，相连形成的线段为 Voronoi 边，该多边形称为生成元 P_1r 的 Voronoi 元胞（图 4.2 中阴影区域）。若元胞有界，则可以定义 Voronoi 正极点。Voronoi 正极点为多边形中距

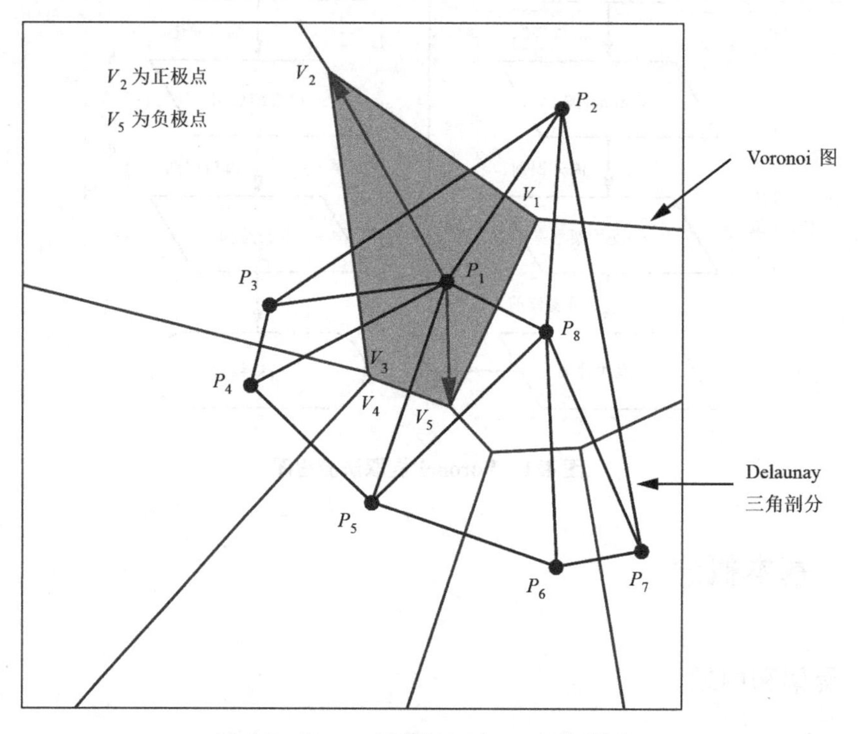

图 4.2 Voronoi 图和 Delaunay 三角剖分

生成元最远的 Voronoi 点（图4.2 中点 V_2）。而 Voronoi 负极点为与向量 $\boldsymbol{P_1V_2}$ 夹角大于 $\pi/2$ 且与 P_1 距离最大的 Voronoi 点（图4.2 中点 V_5）。Voronoi 正极点和负极点合称 Voronoi 极点。

图4.3 为 Delaunay 三角剖分的特性。以 P_1、P_2、P_3 和 P_4 为例，图4.3（a）中三角形 $P_1P_2P_3$ 的外接圆不包含点 P_4，满足空圆特性，属于 Delaunay 三角剖分；而图4.3（b）中三角形 $P_1P_2P_4$ 的外接圆包含点 P_3，不满足空圆特性，不属于 Delaunay 三角剖分。

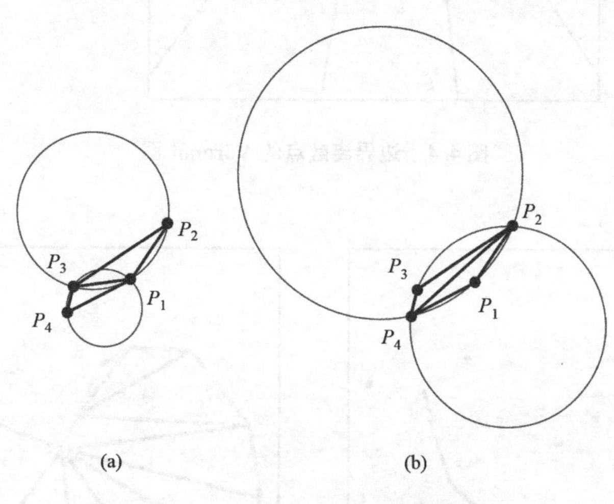

图4.3　Delaunay 三角剖分的特性

（a）空圆特性，（b）非空圆特性

3. Crust 算法

Crust 算法[216,222]是一种由平面点集构建最可能的多段线算法。对于平面问题，Crust 算法即为把无序点连成线的过程。如果取样点足够密，那么多段线将越光滑。Crust 算法与 Voronoi 图和 Delaunay 三角剖分有密切关系。图4.4 为平面图形边界离散点的 Voronoi 图。根据 Voronoi 边在平面图形的位置，将 Voronoi 边分为三类：完全在区域内、部分在区域内和完全在区域外。只保留完全在平面图形区域内的 Voronoi 边，则形成该平面图形的骨架（见图4.5（a））。若对边界离散点进行 Delaunay 三角剖分，则 Delaunay 三角形的自由边则构成平面图形的近似多段线边界（见图4.5（b））。

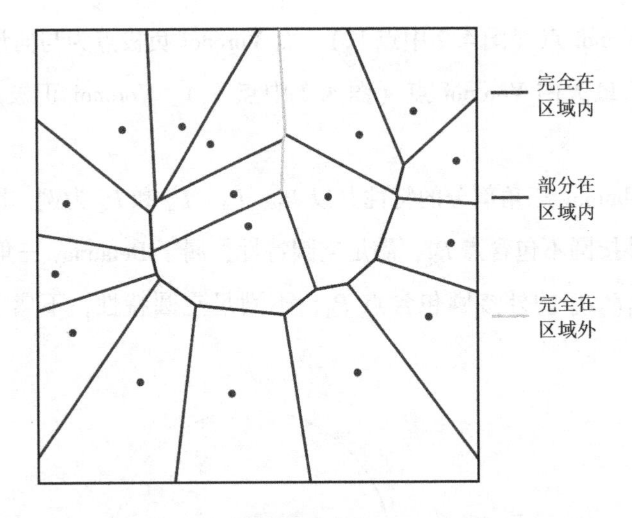

图 4.4 边界离散点的 Voronoi 图

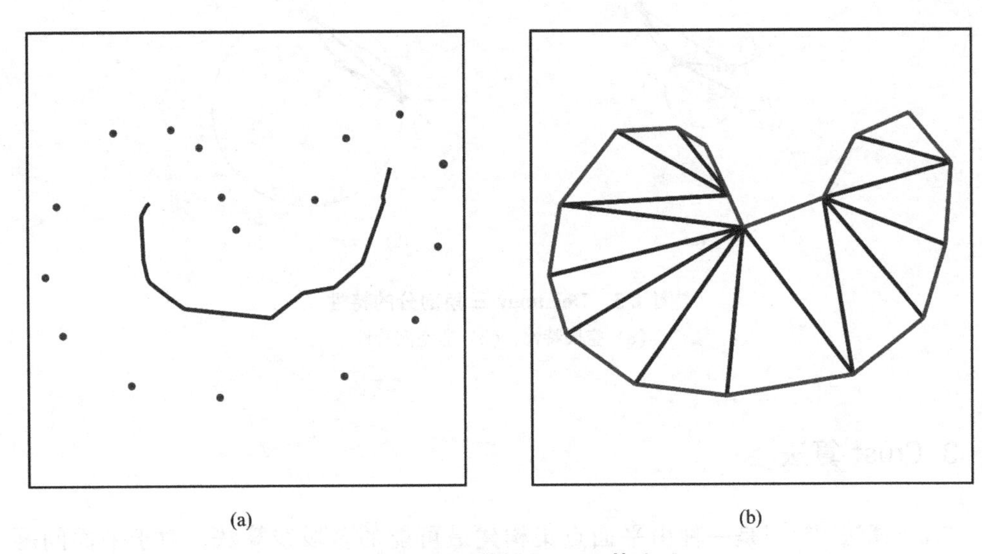

(a)　　(b)

图 4.5 图形骨架和 crust 算法

(a) 图形骨架，(b) crust 算法

4.2.2 骨架提取

首先，作为显式的拓扑优化方法，MMC 方法采用结构拓扑描述函数的零水平集表示结构的边界；此处采用这些零水平集对优化结构的边界进行离散。其次，在优化结构边界与设计域边界相交处添加部分结点，即可形成完整的优化结构边界离散点；绘制该边界离散点的 Voronoi 图，并通过 Crust 算法形成优化结构的近似边界。再次，采

用点的区域内外识别算法，只保留完全在优化结构区域内的 Voronoi 边，即可形成带有分支的骨架。最后，通过分支修剪方法[218,223]，即可形成多段线骨架。

4.2.3　框架提取

框架提取可分为候选结点识别、最终结点识别和框架结构构建三个步骤。在多段线骨架中，按端点所处的位置，候选结点可分为端结点、中间结点和分支结点。遍历骨架结点，形成骨架结点的连接关系。只有一个与之相连的结点为端结点，两个与之相连的结点为中间结点，三个及三个以上与之相连的结点为分支结点。将端结点和分支结点当作候选结点。候选结点的识别见图 4.6。

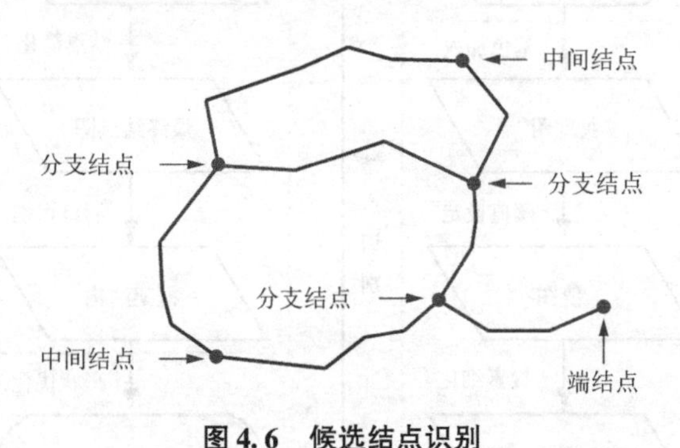

图 4.6　候选结点识别

若候选结点相距较近，则对其进行适当简化。一般来说，如果两个结点的距离小于一个容许值（可取构件较大边长的 5%），则这两个结点可简化为一个结点，即它们的中点。对于多个相距较近候选结点，从两个最近的结点开始，重复上述的两点简化规则，直到所有点之间的距离不小于这个容许值。为了避免形成较短杆件，对特殊结点，如荷载作用点和支座结点，需要进行特殊处理。若候选结点距特殊结点较近时，直接向特殊结点简化即可，相当于删除距特殊结点较近的候选结点。

构建框架结构，还需要确定最终结点的连接关系。首先，由于优化结构和骨架具有拓扑一致性，可采用优化结构的洞口信息当作骨架洞口信息。优化结构的洞口采用优化结构的近似边界来识别。其次，优化结构的近似边界通常为多条闭合多段线，每条闭合多段线形成一个多边形，优化结构为最大多边形与其余多边形的布尔差，最大多边形的边界对应于优化结构的外边界，其余多边形的边界对应于优化结构的洞口边界。遍历洞口和最终结点，分别储存洞口周边的结点信息和结点附近的洞口信息。最后，将结点信息和洞口信息相结合，以洞口中心为坐标原点，按逆时针将与该洞口相关的结点依次连接。最后，将荷载作用点和支座结点与最近的结点相连接，可得与优化结构相对应的框架结构。

4.3 细化提取法

细化提取法以 SIMP 优化结构为基础，经过骨架提取、框架提取和形状优化，可获得以轴力为主的 STM。细化提取法的流程见图 4.7。

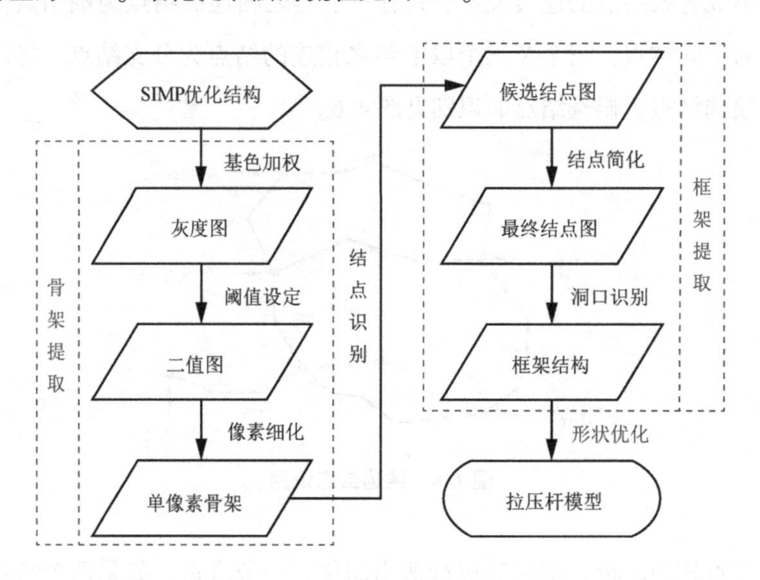

图 4.7　细化提取法流程图

4.3.1 骨架提取

细化提取法的核心是图像处理技术中的细化算法[224]。细化算法分为迭代算法和非迭代算法两大类，迭代算法又分为并行算法和序列算法。并行迭代细化算法[210-211,225]在保持图像拓扑、连通性和细节特征的前提下，将二值图逐渐细化为单像素宽度的骨架。该方法适用于基于单元像素的 SIMP 方法。

骨架提取细分为图像灰度化、图像二值化和图像骨架化三个步骤。若优化结果采用彩色图来表示，则需要图像的 R、G 和 B 分量进行加权求和，将彩色图转换为灰度图。传统的隐式拓扑优化方法（SIMP 和 ESO）的优化结果是基于有限单元的材料 0-1 分布。尽管采用惩罚技术，传统的隐式拓扑优化方法仍然会存在灰度单元，从而导致优化结果模糊且具有锯齿的边界。在进行图像骨架化之前，需要通过设定合适的阈值将优化结果黑白二值化，即用1和0分别表示某单元完全被材料填充和无材料填充。

细化算法的主要思想是将图像中的像素点分为骨架点和边界点两类。通过某像素点的八个邻域像素点建立适当的该像素点的删除准则，先删除二值图东南侧边界点和西北侧角点，再删除西北侧边界点和东南侧角点，如此循环往复，直到不能再删除边界点为止。因此，该算法在保证图形拓扑结构不变的前提下，生成具有单像素宽度的由骨架点构成的骨架曲线。该算法的详细内容见文献［210］。

4.3.2 框架提取

框架提取分为候选结点识别、最终结点识别和框架结构构建三个步骤。在骨架中，通过骨架点和周围的八个邻域像素点的取值来确定该骨架点是否为候选结点。大体来说，从骨架点出发，至少要形成三条不同的线路，该骨架点就被确定为候选分支结点。候选端结点一般只有一条线路。像素结点识别算法中涉及的五种分支结点类型见图4.8。前四种类型各包含四个旋转后等效的小类。端结点可按图4.9中两种类型进行识别。

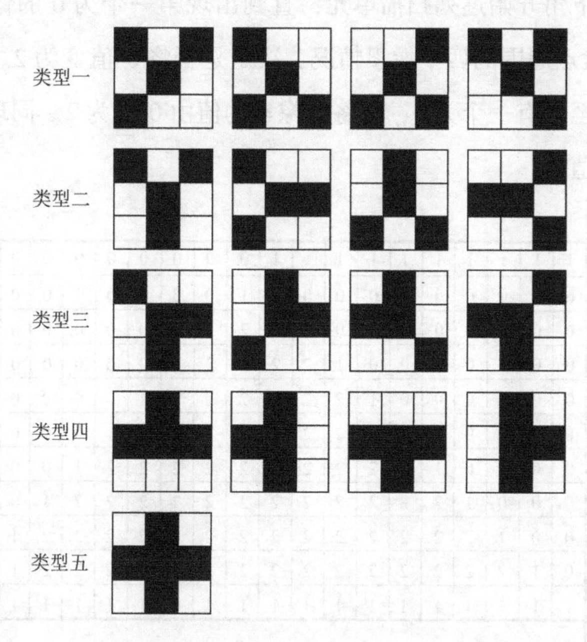

图4.8 分支结点五种识别类型

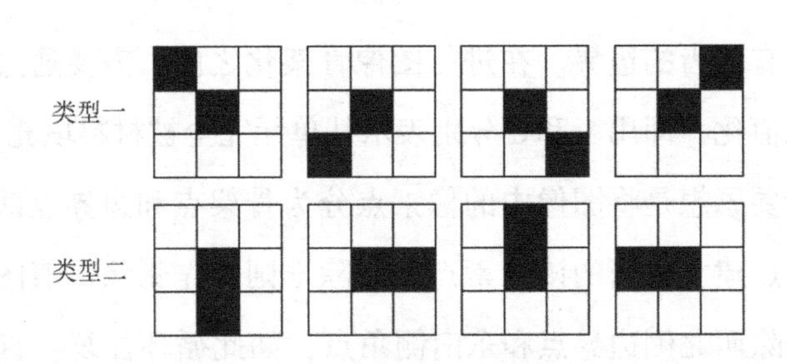

图 4.9　端结点两种识别类型

在确定最终结点时，候选结点的简化规则与 Voronoi 提取法相同。在构建框架结构时，细化提取法与 Voronoi 提取法有所不同。首先，通过骨架线来识别不同的洞口，洞口识别方法采用类似于文献［204，226］的方法。该方法将相互连接且被骨架点包围的非骨架点识别为一个洞口，分别生成洞口周边结点信息和结点附近的洞口信息。其次，根据像素点坐标计算洞口的形心，以洞口形心为坐标原点，逆时针依次连接洞口周边的结点。最后，添加特殊结点，从而构建框架结构。

像素结点识别示意图见图 4.10。因为设计域左侧为固定端，上部和右侧为设计域边界，所以左侧和右上角无材料的区域不视为孔洞。只将标注为 2 的区域识别为孔洞。识别算法为：从左下角开始逐列扫描单元，直到出现第一个为 0 的像素点，将其值变为 2；再根据该像素点周围的四个像素情况，决定是否将 0 值变为 2。若值为 0 的像素的四个相邻像素中至少有一个为 0，则将该像素的值由 0 变为 2。同理，若有多个洞口则可依次按顺序取值。

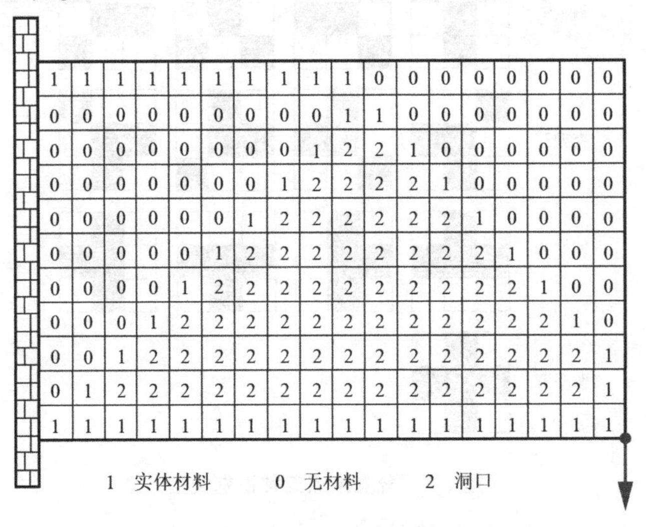

图 4.10　像素结点识别示意图

4.4 形状优化

自动提取的框架结构在受力合理性和几何规则性均有所欠缺，可由经典的形状优化来加以改善。为了形成以轴力为主的 STM，采用类桁架指标 I_t 作为衡量框架结构与桁架结构的相似度。以框架结构的自由结点为设计变量，以类桁架指标为约束条件，当框架结构的应变能达到最小时，框架结构近似为桁架模型。此外在形状优化中，可施加平行和对称约束，使 STM 更加简单实用。

4.4.1 类桁架指标

采用框架单元对框架结构进行有限元分析，进而获得各框架单元的内力。为了减小框架单元所受的弯矩和剪力，采用长细比较大的框架单元。框架单元横截面为矩形，其宽度与构件宽度相同，高度取宽度的 0.01 倍。由于弯矩和剪力的存在，杆件不再是轴向受力杆件。因此，定义类桁架指标 I_t 来衡量 STM 中杆件的受力与二力杆件的差异程度，如式（4.1）所示。

$$I_t = \frac{1}{N_f}\sum_{i=1}^{N_f}\frac{|F_N|}{|F_N|+|F_V|} \tag{4.1}$$

式中，N_f 为框架单元的数量；F_N 和 F_V 分别为框架单元的轴力和剪力。类桁架指标 I_t 的取值范围为[0, 1]。当 $I_t=1$ 时，STM 中各杆件为二力杆件，可以直接用于 STM 设计；当 $I_t<1$ 时，STM 并非理想的轴向受力构件，且随着 I_t 的减少偏离程度越大。因此，当 I_t 较小时，需要对 STM 进行适当的调整。

4.4.2 优化列式

在类桁架指标的约束下，使框架结构总应变能达到最小的形状优化问题，如式（4.2）所示。

$$\begin{aligned}
&\text{寻 找} \quad \boldsymbol{x}=(x_1,\cdots,x_n)^{\mathrm{T}}\\
&\text{最小化} \quad C^{f}(\boldsymbol{x})=(\boldsymbol{F}^{f})^{t}\boldsymbol{u}(\boldsymbol{x})\\
&\text{满 足} \quad \boldsymbol{K}^{f}(\boldsymbol{x})\boldsymbol{u}^{f}(\boldsymbol{x})=\boldsymbol{F}^{f},\\
&\qquad\quad\ I(\boldsymbol{x})=I_{t,\min}-I_t(\boldsymbol{x})\leqslant 0,\\
&\qquad\quad\ \boldsymbol{x}_{\min}\leqslant\boldsymbol{x}\leqslant\boldsymbol{x}_{\max}。
\end{aligned} \tag{4.2}$$

式中，$\boldsymbol{x}$ 为形状优化的设计变量，即框架结构可变结点的坐标列向量；$C^{f}(\boldsymbol{x})$ 和 $I(\boldsymbol{x})$ 分别为形状优化的目标函数和约束函数；$\boldsymbol{K}^{f}(\boldsymbol{x})$、$\boldsymbol{F}^{f}$ 和 $\boldsymbol{u}(\boldsymbol{x})$ 分别为框架结构的整体刚度矩阵、荷载列阵和位移列阵；$\boldsymbol{x}_{max}$ 和 $\boldsymbol{x}_{min}$ 分别为设计变量的上限和下限；$I_{t}(\boldsymbol{x})$ 和 $I_{t,min}$ 分别为类桁架指标和类桁架指标的最小值，$I_{t,min}$ 可取接近于 1 的值，如 0.995。

4.4.3 数值实现

在框架结构有限元分析中，各单元结点间既可以传递轴力，也可以传递弯矩和剪力。框架单元自由度见图 4.11。框架单元由两个结点 i 和 j 构成，每个结点各三个自由度，单元的局部和整体坐标自由度分别为 $\boldsymbol{u}'_{e}=[u'_{i1},u'_{i2},u'_{i3},u'_{j1},u'_{j2},u'_{j3}]^{T}$ 和 $\boldsymbol{u}_{e}=[u_{i1},u_{i2},u_{i3},u_{j1},u_{j2},u_{j3}]^{T}$。$\boldsymbol{u}'_{e}$ 可由 $\boldsymbol{u}_{e}$ 和转换矩阵 $\boldsymbol{T}$ 得出。

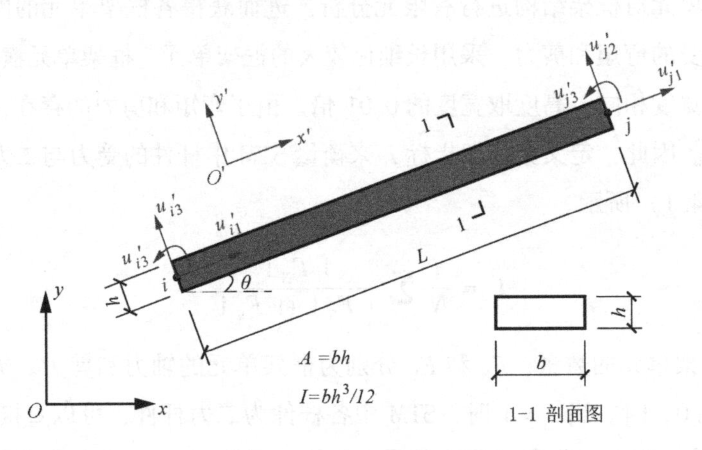

图 4.11　框架单元示意图

$$\boldsymbol{u}'_{e}=\boldsymbol{T}\boldsymbol{u}_{e} \tag{4.3}$$

其中

$$\boldsymbol{T}=\begin{bmatrix} \cos\theta & \sin\theta & 0 & 0 & 0 & 0 \\ -\sin\theta & \cos\theta & 0 & 0 & 0 & 0 \\ 0 & 0 & 1 & 0 & 0 & 0 \\ 0 & 0 & 0 & \cos\theta & \sin\theta & 0 \\ 0 & 0 & 0 & -\sin\theta & \cos\theta & 0 \\ 0 & 0 & 0 & 0 & 0 & 1 \end{bmatrix} \tag{4.4}$$

框架单元在整体坐标系下的单元刚度矩阵为

$$\boldsymbol{K}_e^{\mathrm{f}} = \boldsymbol{T}^{\mathrm{T}} \boldsymbol{K}_e^{\prime\mathrm{f}} \boldsymbol{T} \tag{4.5}$$

其中

$$\boldsymbol{K}_e^{\prime\mathrm{f}} = \begin{bmatrix} \frac{EA}{L} & 0 & 0 & -\frac{EA}{L} & 0 & 0 \\ 0 & \frac{12EI}{L^3} & \frac{6EI}{L^2} & 0 & -\frac{12EI}{L^3} & \frac{6EI}{L^2} \\ 0 & \frac{6EI}{L^2} & \frac{4EI}{L} & 0 & -\frac{6EI}{L^2} & \frac{2EI}{L} \\ -\frac{EA}{L} & 0 & 0 & \frac{EA}{L} & 0 & 0 \\ 0 & -\frac{12EI}{L^3} & -\frac{6EI}{L^2} & 0 & \frac{12EI}{L^3} & -\frac{6EI}{L^2} \\ 0 & \frac{6EI}{L^2} & \frac{2EI}{L} & 0 & -\frac{6EI}{L^2} & \frac{4EI}{L} \end{bmatrix} \tag{4.6}$$

式中，$\boldsymbol{K}_e^{\mathrm{f}}$ 和 $\boldsymbol{K}_e^{\prime\mathrm{f}}$ 分别为框架单元在整体坐标和局部坐标系下的单元刚度矩阵；E 为框架单元的弹性模量；A、I 和 L 分别为框架单元的横截面面积、惯性矩和长度，详见图4.11。

形状优化采用MMA算法作为最优化算法。目标和约束函数的梯度采用中心差分法求解，步长取单元尺寸的0.1倍，直到设计变量的最大波动小于0.001 m为止。对于平行和对称约束，可以通过减少相应的设计变量来实现。

4.5 数值算例

对混凝土结构中深梁、单侧牛腿和开洞深梁三类常见构件，分别采用Voronoi提取法和细化提取法自动构建框架结构，并对框架结构进行形状优化，从而获得类桁架结构的STM。为了便于理解，在STM提取中，采用以下表示方法：候选结点采用方形点表示，形状优化前后的最终结点均采用圆形点表示，拉杆或压杆采用实线表示。

4.5.1 简支深梁

1. 深梁 Voronoi 提取法

深梁采用一个竖向荷载作用的简支深梁，在 MMC 拓扑优化结果的基础上，采用 Voronoi 提取法自动构建拉压杆模型。由结构拓扑描述函数的零水平集，并添加位于设计域边界上的部分结点，可得深梁 MMC 优化结构的 262 个边界离散点（图 4.12（a））。为了便于洞口识别，对简化的边界离散点进行 Delaunay 三角剖分。Delaunay 三角剖分的自由边形成的两条闭合多段线，则为 MMC 优化结构的近似边界（图 4.12（b）中外轮廓实线）。较大和较小多边形的布尔差运算构成 MMC 优化结构，较小多边形即为 MMC 优化结构的唯一洞口（图 4.12（b）中灰色区域）。

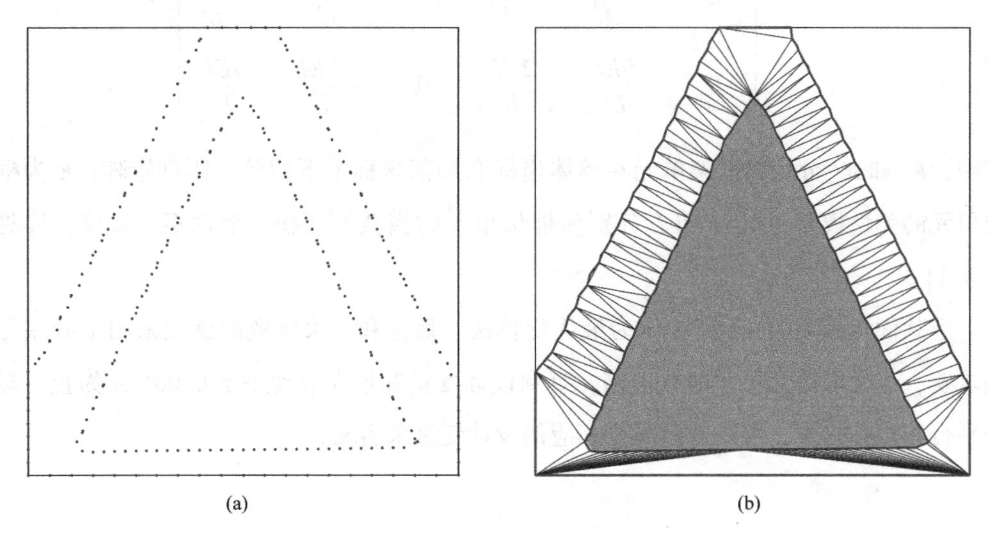

图 4.12　Voronoi 提取法深梁边界离散点和近似边界

（a）边界离散点，（b）近似边界

在骨架提取中，首先绘制边界离散点的 Voronoi 图（图 4.13），其次只保留全部在 MMC 优化结构区域内 Voronoi 边，则形成带有分支的骨架，最后经分支修剪后即可得到多段线骨架（图 4.14）。在多段线骨架中，所有线段的端点均不符合候选结点，故无候选结点。由荷载和支座结点形成最终结点。在唯一的洞口周边有三个最终结点，每个最终结点周围只有一个洞口。逆时针依次连接这三个最终结点即可形成深梁框架结构（图 4.14（c））。该框架结构的结点均为不可变的特殊结点，不需要进行形状优化。

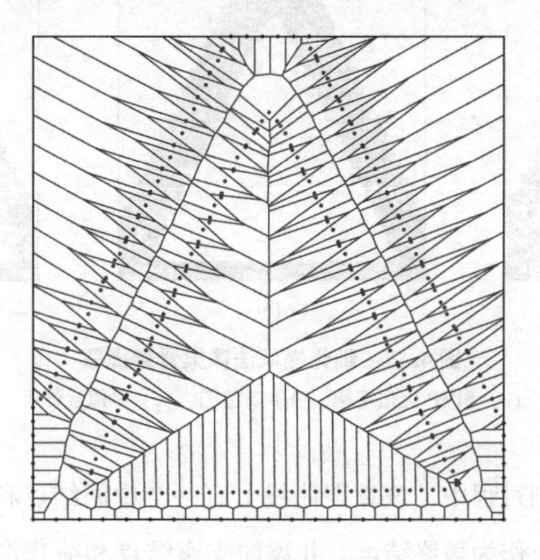

图 4.13　Voronoi 提取法深梁边界离散点的 Voronoi 图

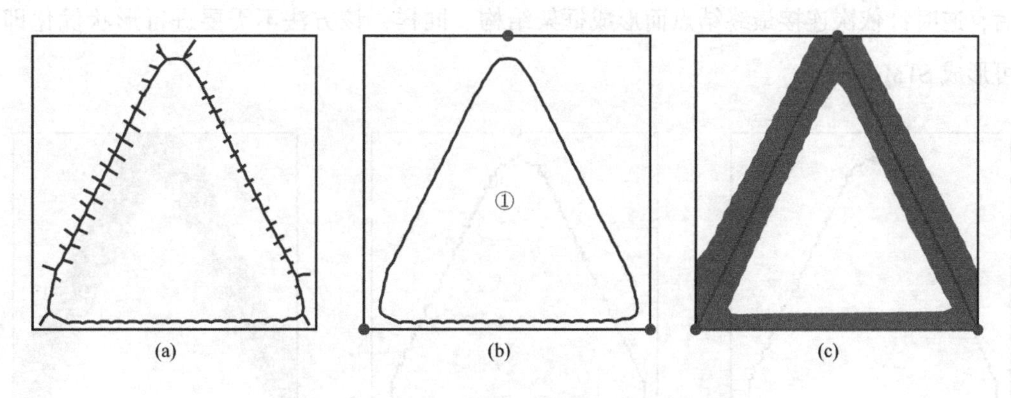

图 4.14　Voronoi 提取法深梁 STM 提取过程
(a) 分支骨架，(b) 最终结点，(c) 框架结构

2. 深梁细化提取法

细化提取法深梁骨架提取见图 4.15。对同样的深梁采用 SIMP 方法进行拓扑优化，SIMP 优化结构见图 4.15（a）。由于 SIMP 方法采用基于单元的像素表达，最优拓扑的图像分辨率为 40×40 像素。由于 SIMP 优化结果中有灰度单元的存在，在二值化过程中，需要遍历单元灰度级并找出使方差最小的灰度值（阈值），从而形成黑白分明的二值图。对该二值图进行细化，可得到具有单像素宽度的骨架。

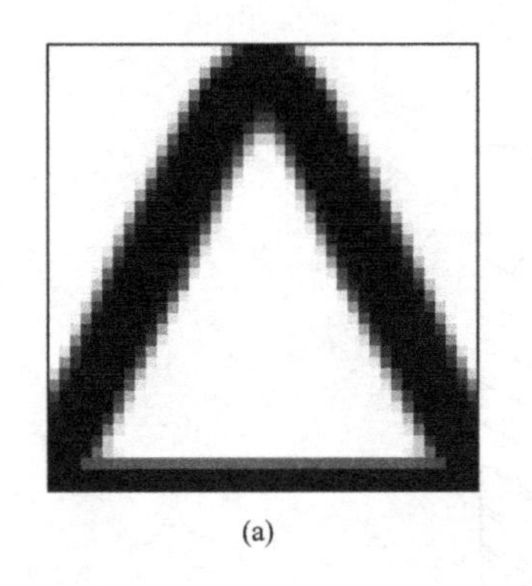

(a)

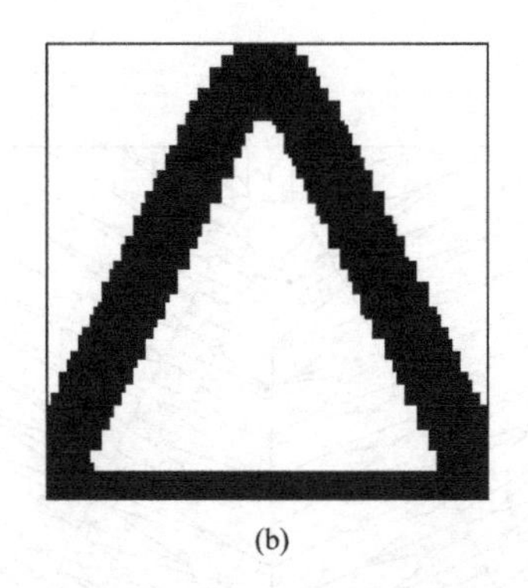

(b)

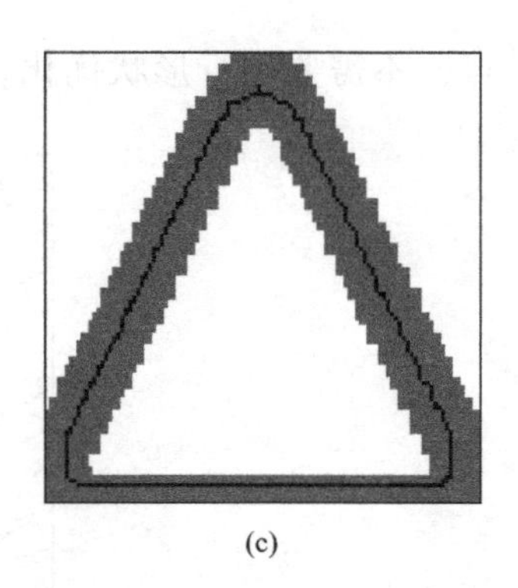

(c)

图 4.15　细化提取法深梁骨架提取

(a) SIMP 优化结构，(b) 二值图，(c) 单像素骨架

在候选结点的识别过程中，该骨架曲线上有一个中间结点和一个端结点。由于相距较近，取二者的中点作为最终结点，并添加支座结点和荷载作用点，从而在得到这三个特殊结点之后，进行特殊结点简化，形成最终结点，见图 4.16（b）。在识别洞口后，逆时针依次连接最终结点而形成框架结构。同样，该方法不需要进行形状优化即可形成 STM。

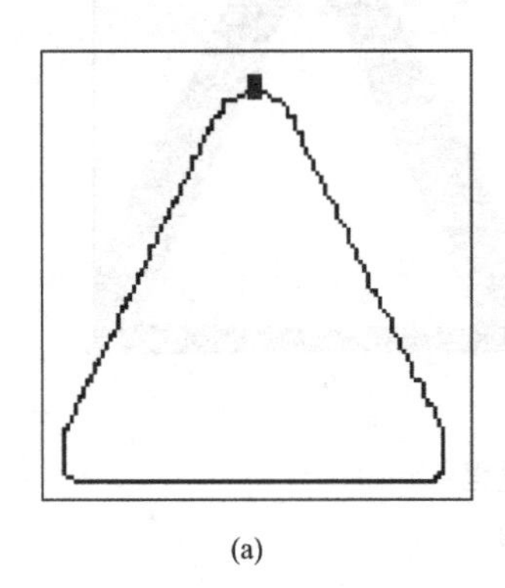

(a)

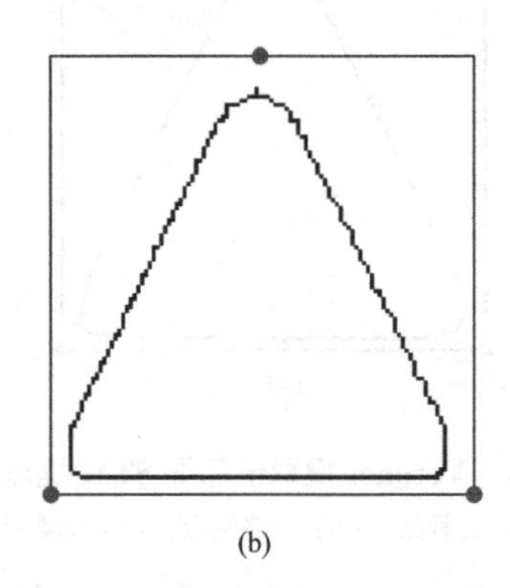

(b)

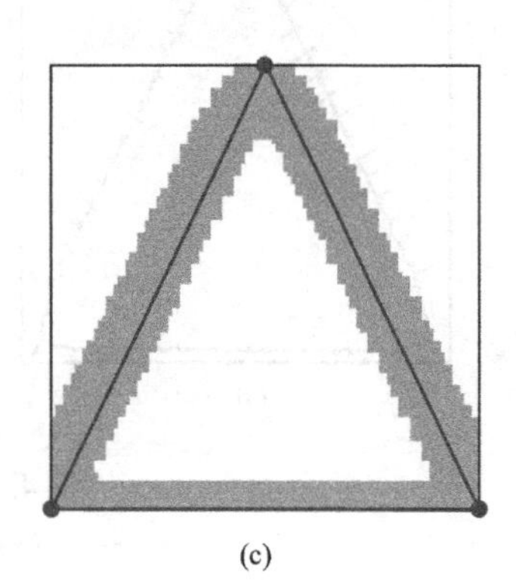

(c)

图 4.16　细化提取法深梁提取过程

(a) 候选结点，(b) 最终结点，(c) 框架结构

4.5.2　单侧牛腿

1. 单侧牛腿 Voronoi 提取法

MMC 优化结构的边界（图 4.17（a））由 677 个已知坐标的二维点进行离散，采用 Crust 算法计算该优化结构的近似边界。该边界由 6 条闭合多段线构成，6 条闭合多

段线又构成 6 个多边形。MMC 优化结构由最大的多边形与其余 5 个多边形的布尔差运算生成，MMC 优化结构的 5 个洞口则对应 5 个较小的多边形（图 4.17（b）中五种不同形状的区域）。

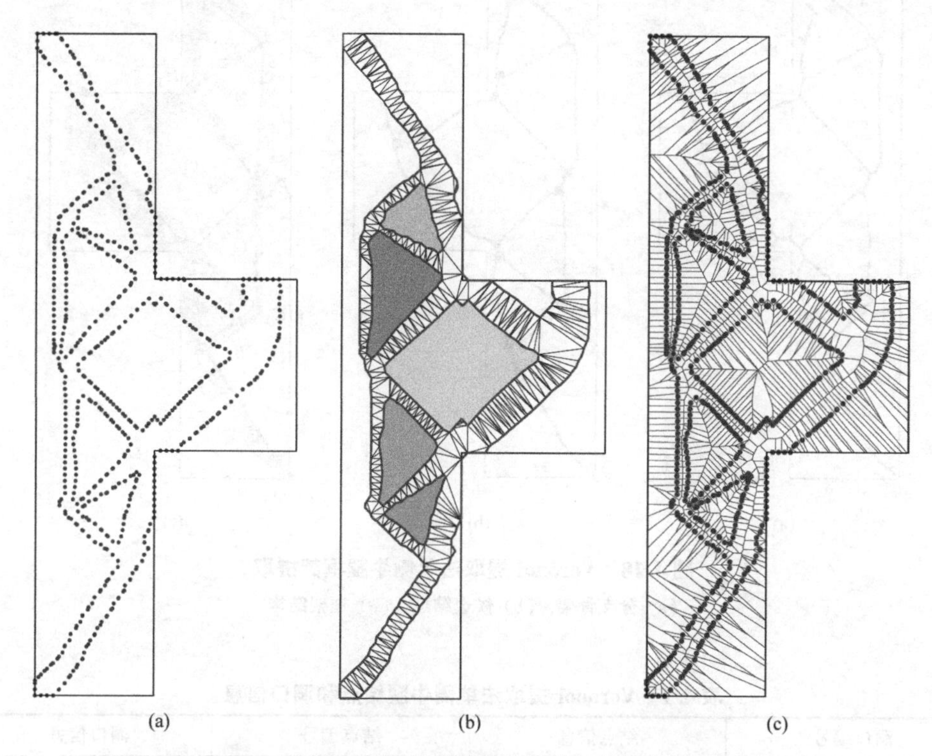

图 4.17　Voronoi 提取法单侧牛腿边界离散点、近似边界和 Voronoi 图

（a）边界离散点，（b）近似边界，（c）Voronoi 图

复杂的拓扑需要较多的边界离散点，较多的边界离散点生成较复杂的 Voronoi 图。经过内外识别，仍然可以生成带有少量细小分支的骨架。经修剪后，可以获得由多段线构成的理想骨架。该骨架较好地满足了拓扑一致性、细性和中轴性。Voronoi 提取法单侧牛腿 STM 提取过程见图 4.18。

在候选结点识别中，可识别出 3 个端结点和 11 个中间结点。若两个候选结点的距离小于 135 mm，则进行结点简化。若候选结点距支座和荷载结点较近，为了避免较小杆件的产生，只保留支座和荷载结点。

由拓扑一致性可知，骨架和优化结构的拓扑等价。因此骨架和优化结构具有相同的洞口信息。单侧牛腿结点和洞口信息如表 4.1 所列。以洞口中心为原点，从正北方向开始逆时针依次连接各结点，则形成最终的 STM（图 4.18（c））。

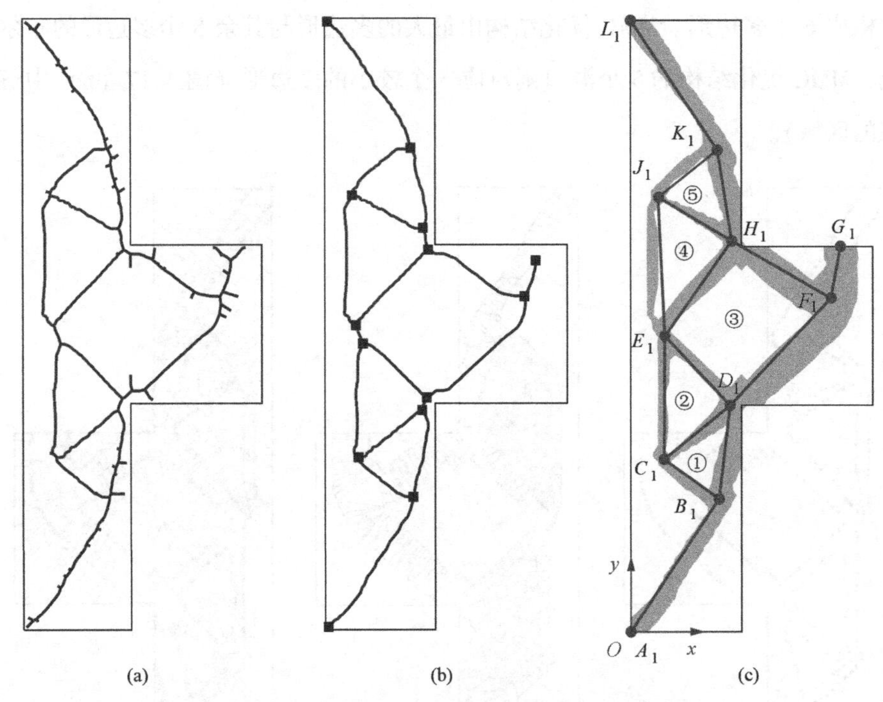

图 4.18　Voronoi 提取法单侧牛腿框架提取

(a) 分支骨架，(b) 候选结点，(c) 框架结构

表 4.1　Voronoi 提取法单侧牛腿结点和洞口信息

洞口编号	结点信息	结点编号	洞口信息
①	D_1、C_1、B_1	B_1	①
②	E_1、C_1、D_1	C_1	①、②
③	F_1、H_1、E_1、D_1	D_1	①、②、③
④	H_1、J_1、E_1	E_1	②、③、④
⑤	K_1、J_1、H_1	F_1	③
		H_1	③、④、⑤
		J_1	④、⑤
		K_1	⑤

在形状优化中，以类桁架指标为约束条件，框架结构中共 11 个结点，其中 8 个结点为自由结点。若只考虑变量的上限约束和下限约束，该形状优化共 16 个设计变量，优化后结构的类桁架指标由 0.96 增加到 1.00。优化后，最为明显的变化是与荷载作用点相连的杆件由倾斜变为竖直，这就保证了该杆件为受压杆件，实现了由框架结构向桁架结构的转变。若考虑部分杆件的平行约束，则设计变量由 16 个减少为 14 个；若再增加沿水平方向的对称性约束，则设计变量由 16 个减少为 10 个。Voronoi 提取法单侧

牛腿形状优化见图 4. 19。Voronoi 提取法形状优化前后结点平面坐标如表 4. 2 所列。

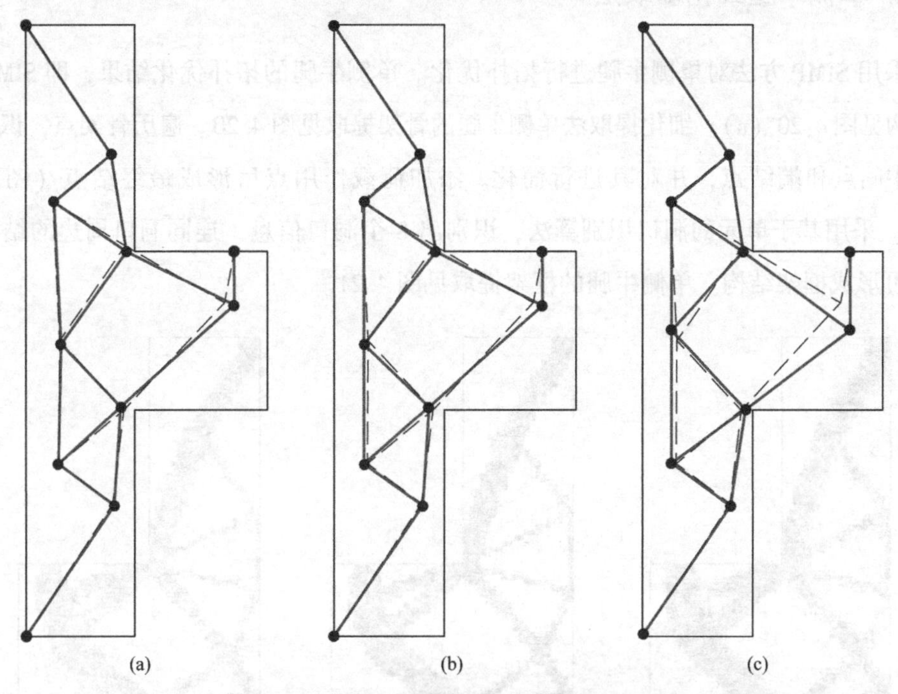

图 4. 19　Voronoi 提取法单侧牛腿形状优化

(a) 上下限约束，(b) 上下限和平行约束，(c) 上下限、平行和对称约束

表 4. 2　Voronoi 提取法单侧牛腿形状优化前后结点平面坐标

结点编号	结点平面坐标/cm			
	横坐标 x		纵坐标 y	
	优化前	优化后	优化前	优化后
A_1	0. 0	0. 0	0. 0	0. 0
B_1	39. 8	37. 1	58. 6	52. 2
C_1	15. 2	13. 3	76. 2	75. 2
D_1	44. 9	48. 9	99. 9	97. 9
E_1	15. 4	13. 3	130. 5	135. 0
F_1	90. 7	94. 8	147. 4	135. 0
G_1	95. 0	95. 0	170. 0	170. 0
H_1	45. 6	48. 9	172. 5	172. 1
J_1	12. 7	13. 3	191. 8	190. 7
K_1	39. 1	38. 9	212. 6	217. 8
L_1	0. 0	0. 0	270. 0	270. 0

2. 单侧牛腿细化提取法

采用 SIMP 方法对单侧牛腿进行拓扑优化。单侧牛腿的拓扑优化结果，即 SIMP 优化结构见图 4.20（a）。细化提取法单侧牛腿的骨架提取见图 4.20。遍历骨架点，识别出候选中间点和端结点，并对其进行简化。添加荷载作用点后形成最终结点（图 4.21（b））。采用基于单元的洞口识别算法，识别出 8 个洞口信息，连同洞口周边的结点信息，可形成框架结构。单侧牛腿的框架提取见图 4.21。

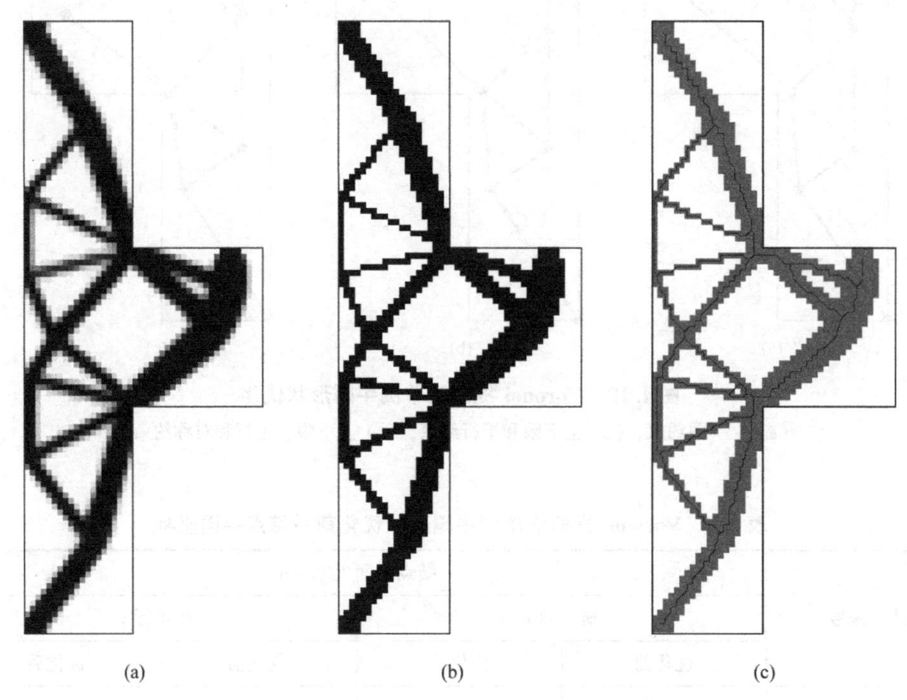

图 4.20 细化提取法单侧牛腿骨架提取

（a）SIMP 优化结构，（b）二值图，（c）单像素骨架

在形状优化中，不论采用何种约束，经形状优化后，结构的类桁架指标均达到 1，实现了从框架结构到桁架结构的质变。然而，该 STM 仍有可能为可变体系，需要添加必要的杆件形成几何不变体系。事实上，这样的做法很有实际意义。这是因为 STM 一旦发生微小变形，就会受到 STM 内部混凝土的约束，从而形成稳定的几何不变体系。单侧牛腿形状优化前后结点平面坐标如表 4.3 所列。

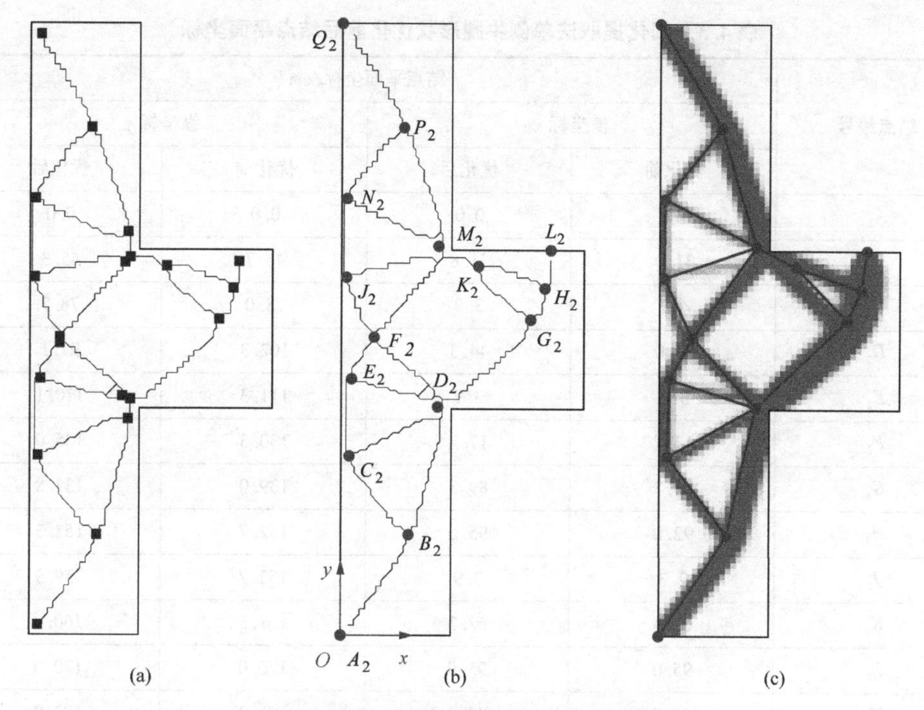

图 4.21　细化提取法单侧牛腿框架提取

（a）候选结点，（b）最终结点，（c）框架结构

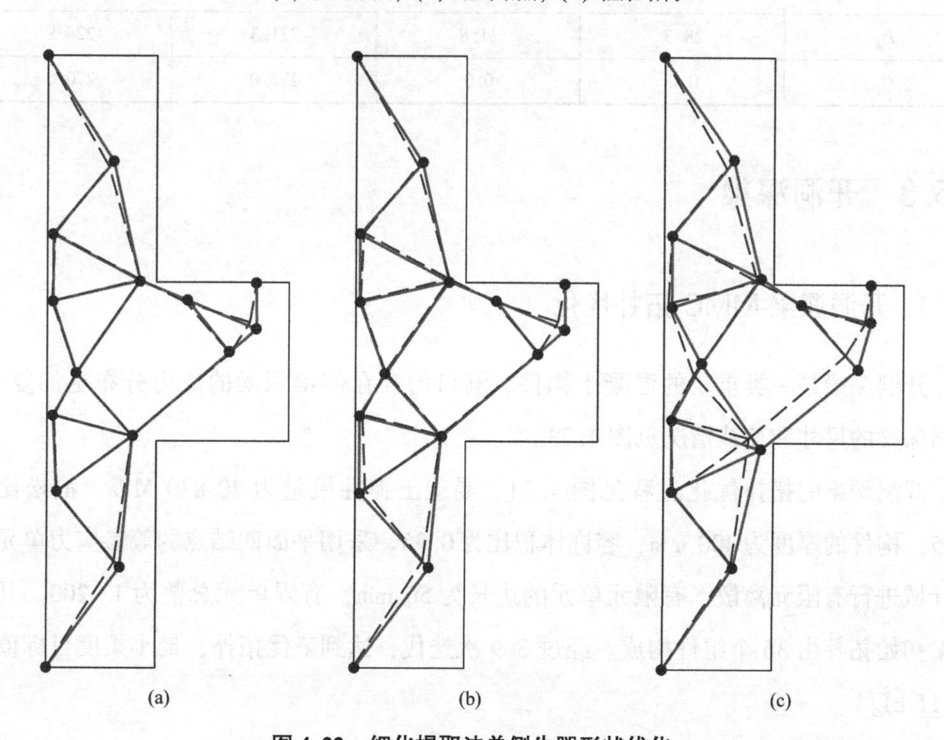

图 4.22　细化提取法单侧牛腿形状优化

（a）上下限约束，（b）上下限和平行约束，（c）上下限、平行和对称约束

表 4.3 细化提取法单侧牛腿形状优化前后结点平面坐标

结点编号	结点平面坐标/cm			
	横坐标 x		纵坐标 y	
	优化前	优化后	优化前	优化后
A_2	0.0	0.0	0.0	0.0
B_2	31.0	31.8	46.7	45.3
C_2	4.7	3.9	78.0	78.7
D_2	39.0	44.3	102.3	97.1
E_2	3.3	3.9	111.3	110.1
F_2	13.7	17.3	130.3	135.0
G_2	83.3	89.3	139.0	132.8
H_2	92.0	95.0	152.7	153.3
J_2	2.3	3.9	155.7	159.9
K_2	63.3	62.3	161.3	160.8
L_2	95.0	95.0	170.0	170.0
M_2	42.7	44.3	171.3	172.9
N_2	3.7	3.9	191.7	191.3
P_2	28.3	31.8	221.3	224.8
Q_2	0.0	0.0	270.0	270.0

4.5.3 开洞深梁

1. 开洞深梁 MMC 拓扑优化

开洞深梁是一类重要的混凝土构件。洞口的存在使得深梁的应力分布更加复杂。开洞深梁的尺寸和荷载情况见图 4.23。

开洞深梁的拓扑优化过程见图 4.24。混凝土弹性模量为 20 820 MPa，泊松比为 0.15，构件的厚度为 400 mm，容许体积比为 0.35。采用平面四结点的等参应力单元对设计域进行有限元离散，有限元单元的边长为 50 mm，有限单元总数为 13 200。开洞深梁初始拓扑由 36 个组件构成。经过 309 次迭代，达到最优拓扑，最小柔度目标值为 17.11 kJ。

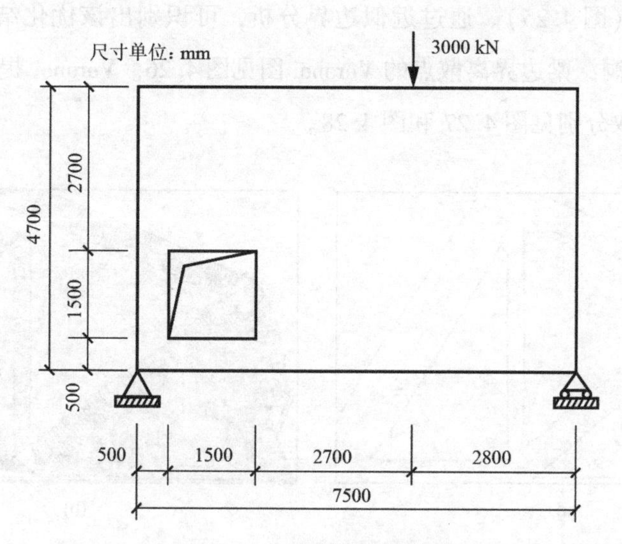

图 4.23　开洞深梁计算简图

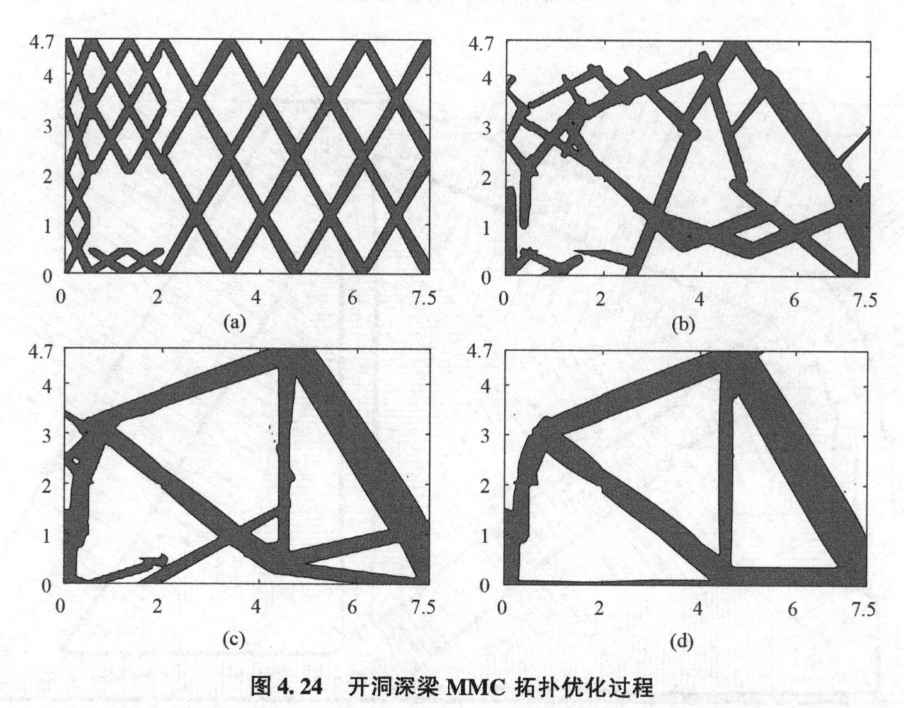

图 4.24　开洞深梁 MMC 拓扑优化过程

(a) 初始拓扑，(b) 第 80 次迭代，(c) 第 180 次迭代，(d) 最优拓扑

2. 开洞深梁 Voronoi 提取法

开洞深梁 MMC 优化结构的边界由 1 280 个点进行离散。通过 Crust 算法形成优化

结构的近似边界（图 4.25）。通过近似边界分析，可识别出该优化结构有 3 个洞口。Voronoi 提取法开洞深梁边界离散点的 Voronoi 图见图 4.26。Voronoi 提取法开洞深梁骨架提取和框架提取分别见图 4.27 和图 4.28。

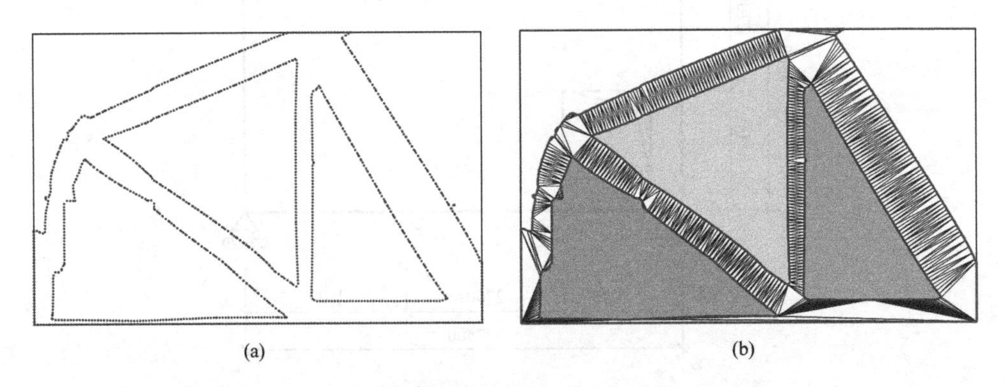

图 4.25　Voronoi 提取法开洞深梁边界离散点和近似边界

(a) 边界离散点，(b) 近似边界

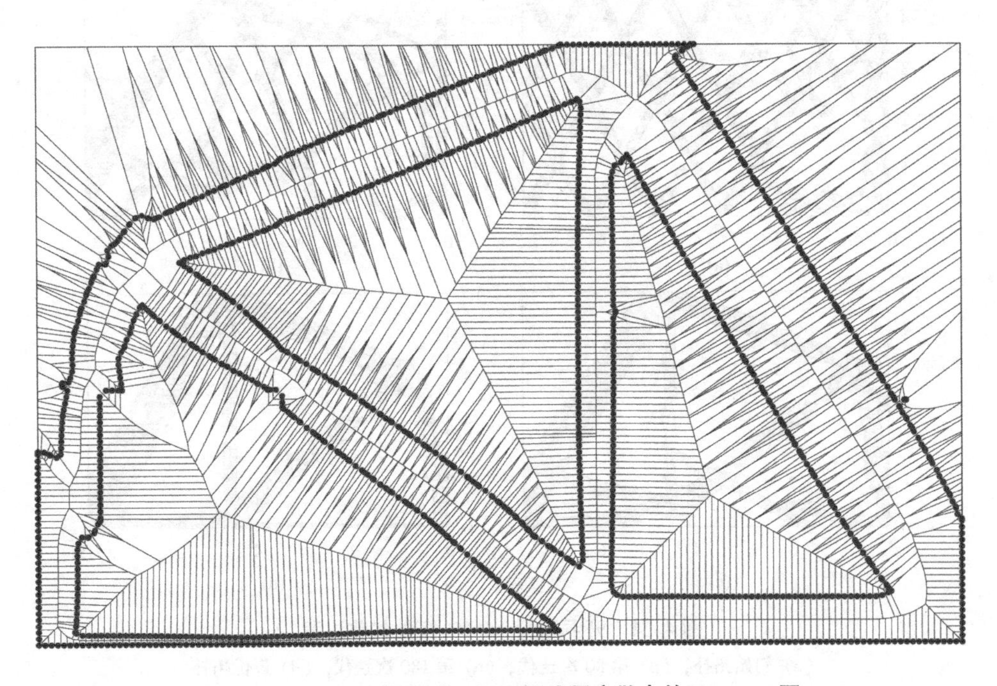

图 4.26　Voronoi 提取法开洞深梁边界离散点的 Voronoi 图

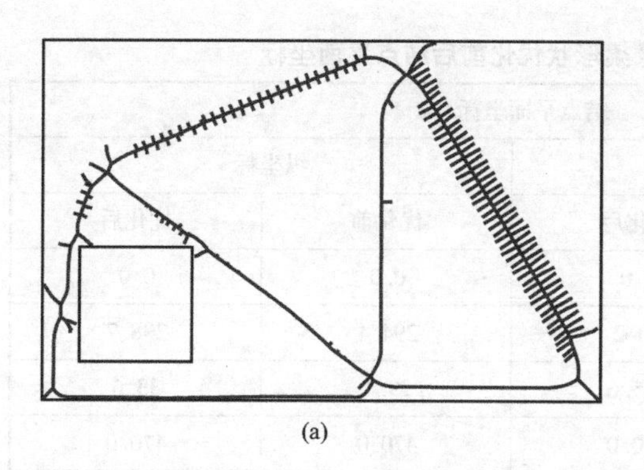
(a)

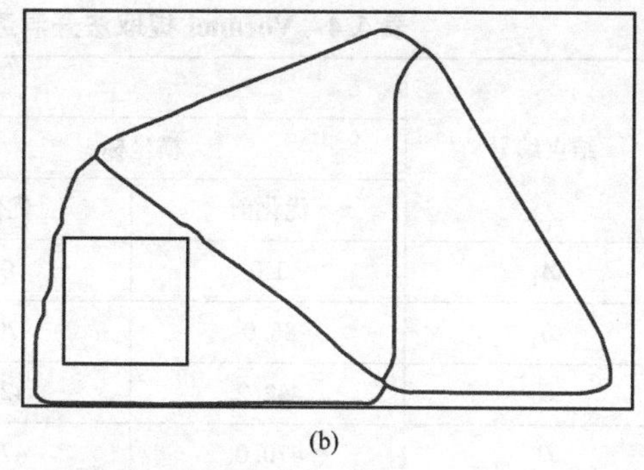
(b)

图 4.27　Voronoi 提取法开洞深梁骨架提取

(a) 分支骨架，(b) 多段线骨架

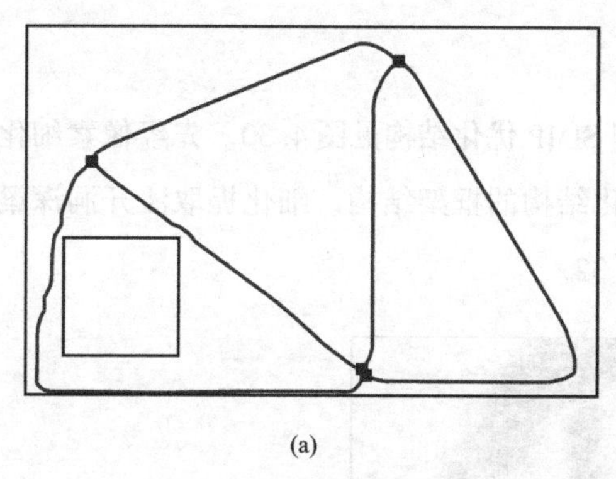
(a)

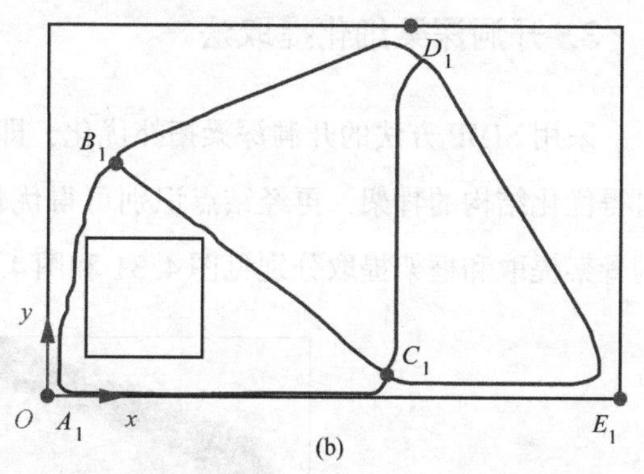

(b)

图 4.28　Voronoi 提取法开洞深梁框架提取

(a) 候选结点，(b) 最终结点

在开洞深梁的 STM 中，左侧的倾斜杆件部分跨越了洞口（图 4.29（a）），这一点可以在形状优化中通过约束加以解决。形状优化后 STM 见图 4.29（b）。Voronoi 提取法开洞深梁形状优化前后结点平面坐标如表 4.4 所列。

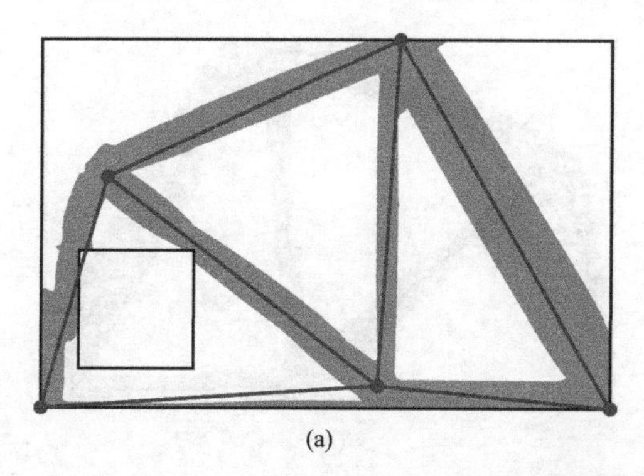
(a)

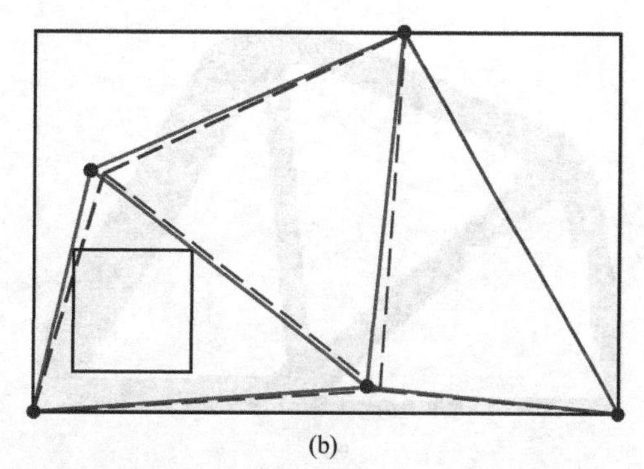
(b)

图 4.29　Voronoi 提取法开洞深梁框架结构和形状优化

(a) 框架结构，(b) 形状优化

表 4.4　Voronoi 提取法开洞深梁形状优化前后结点平面坐标

结点编号	结点平面坐标/cm			
	横坐标 x		纵坐标 y	
	优化前	优化后	优化前	优化后
A_1	0.0	0.0	0.0	0.0
B_1	86.0	70.2	294.4	298.7
C_1	442.2	425.6	29.1	33.6
D_1	470.0	470.0	470.0	470.0
E_1	750.0	750.0	0.0	0.0

3. 开洞深梁细化提取法

采用 SIMP 方法的开洞深梁拓扑优化，即 SIMP 优化结构见图 4.30。先经像素细化可得优化结构的骨架，再经结点识别可得优化结构的框架结构。细化提取法开洞深梁的骨架提取和框架提取分别见图 4.31 和图 4.32。

图 4.30　开洞深梁 SIMP 优化结构

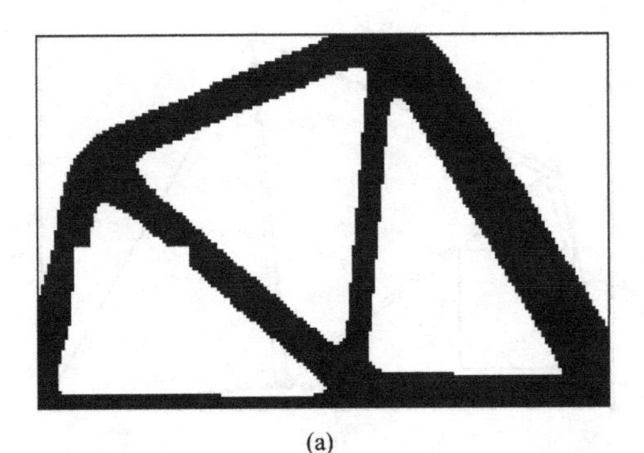

(a)

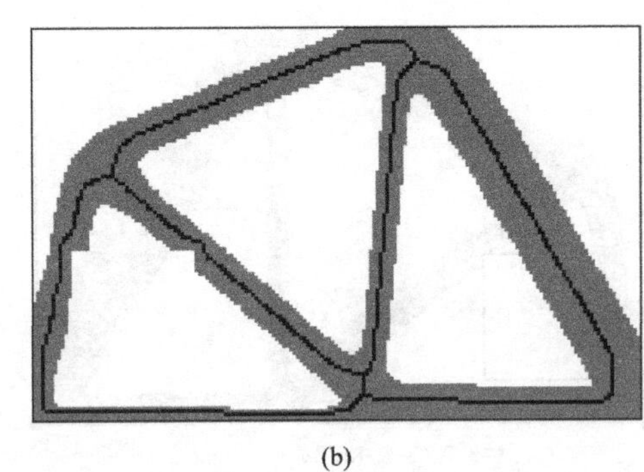

(b)

图 4.31　细化提取法开洞深梁骨架提取

(a) 二值图，(b) 单像素骨架

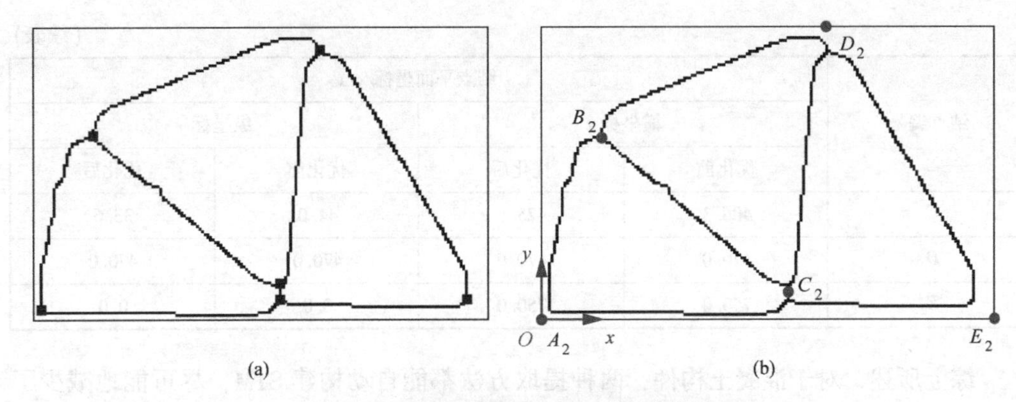

图 4.32　细化提取法开洞深梁框架提取

（a）候选结点，（b）最终结点

图 4.33 为细化提取法开洞深梁的框架结构和 STM。经形状优化后，杆件不再跨越洞口。拓扑优化细化提取法开洞深梁形状优化前后结点平面坐标如表 4.5 所列。此外，由于开洞深梁 MMC 和 SIMP 的框架结构是拓扑一致的，经形状优化后，它们的 STM 最终是相同的。因此，拓扑优化不仅可以实现 STM 从框架结构到桁架结构的质变，还可以减小不同拓扑优化对 STM 的影响。

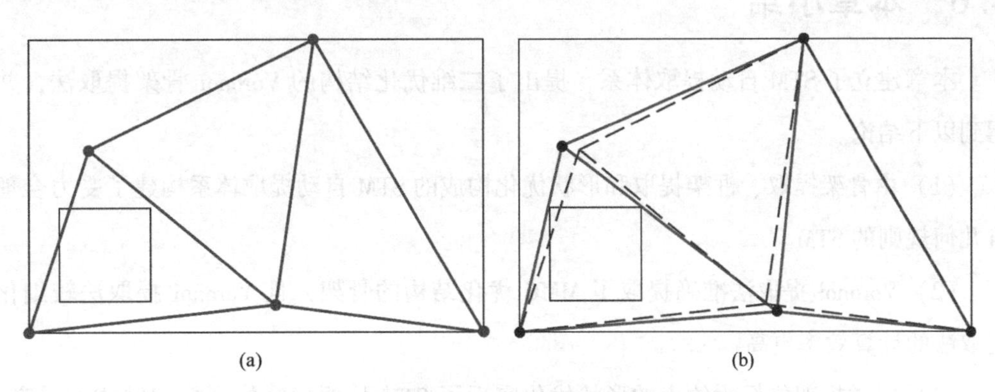

图 4.33　细化提取法开洞深梁框架结构和形状优化

（a）框架结构，（b）形状优化

表 4.5　细化提取法开洞深梁形状优化前后结点平面坐标

结点编号	结点平面坐标/cm			
	横坐标 x		纵坐标 y	
	优化前	优化后	优化前	优化后
A_2	0.0	0.0	0.0	0.0
B_2	98.5	70.2	292.0	298.7

（续表）

结点编号	结点平面坐标/cm			
	横坐标 x		纵坐标 y	
	优化前	优化后	优化前	优化后
C_2	406.3	425.6	44.0	33.6
D_2	470.0	470.0	470.0	470.0
E_2	750.0	750.0	0.0	0.0

综上所述，对于混凝土构件，两种提取方法都能自动构建 STM，尽可能地减少了人为因素。Voronoi 提取法适用于具有显式边界 MMC 方法，而细化提取法适用于基于单元像素的 SIMP 方法。从本质上讲，这两种方法都是对平面图形的骨架提取。若不同拓扑优化方法得到的优化结构基本相同，则其骨架也类似。不同的是，Voronoi 提取法基于优化结构边界离散点，而细化提取法基于设计域有限单元。由于边界离散点比有限单元数量要少很多，因此 Voronoi 提取法的计算效率要比细化提取法高。

4.6 本章小结

本章建立了 STM 自动提取体系，提出了二维优化结构的 Voronoi 骨架提取法，并得到以下结论。

（1）由骨架提取、框架提取和形状优化构成的 STM 自动提取体系构建了受力合理且几何规则的 STM。

（2）Voronoi 提取法准确提取了 MMC 优化结构的骨架，且 Voronoi 提取法较细化提取法的计算效率更高。

（3）以类桁架指标为约束的形状优化实现了 STM 从框架结构到桁架结构的质变，同时减少了不同拓扑优化方法对 STM 的影响。

第5章 拉压杆模型的评价体系

5.1 概述

作为拉压杆模型分析方法的关键环节，拉压杆模型构建方法目前并没有简明的通用方法。拉压杆模型的构建方法多种多样，不同的方法构建的拉压杆模型有所不同，有时差异较大。如何衡量不同STM的优劣，是一个值得研究的问题。

众多研究人员从试验和数值方面对不同STM进行了研究。Zhong等[165]提出了一种对不同STM的评估系统，该系统由初步、详细和最终评估构成；Chen等[179]研究了两类异形深梁的STM，并对异形深梁的不同STM进行了对比试验；陈晖[227]建立了钢筋混凝土简支与连续深梁剪切试验数据库，评价了现行规范中拉压杆模型，并提出了改进方法；Jewett和Carstensen[180]采用不同STM制作了相同配筋率的钢筋混凝土深梁构件，从变形、极限承载力和破坏模式对其进行了试验研究；Mata-Falcón等[178]提出了两类简化的缺口梁的STM，并对其进行了试验验证；EI-Zoughiby[228]提出了一种简化的Z形荷载路径法，并通过三种典型的Z形块模型的不同组合实现对STM的统一构建；为了衡量拓扑优化结果用于拉压杆建模的优劣，Xia等[160]提出了一个由拓扑提取方法和评价指标构成的自动化评估程序；Xia等[229]编制了基于SIMP方法的STM自动生成算法，并采用非线性有限元对STM进行量化评估。

对于拉压杆模型的评价，应从STM本身出发，分析影响STM的多种因素，进而提炼出主要因素，形成合理的评价指标。本章引入类桁架指标、拉应力相似指标、配筋率指标和效率指标，分别从结构类型、应力相似、经济性和效率四个方面对拉压杆模型进行综合评价。

5.2 评价体系

5.2.1 影响因素

拉压杆模型的影响因素分为外部因素和内部因素两部分。外部因素包括 STM 构建方法和 STM 提取方法；内部因素包括 STM 杆件受力特性、SMT 应力相似性、STM 的经济性和效率。

STM 的构建方法主要包括弹性应力分布法、荷载路径法和拓扑优化法。在基于拓扑优化的 STM 中，由不同的拓扑优化方法产生的拓扑优化结果可能有所不同。即使同一拓扑优化结果，但采用不同的 STM 提取方法也会产生不完全一样的 STM。关于这一点，可以采用形状优化来减小不同提取方法的影响。

按结构类型分类，STM 属于桁架结构。这一点对于弹性应力分布法和荷载路径法较容易满足，但是这两种传统方法依赖工程人员的直觉和经验，不利于程序自动化。而且对于复杂构件很难构建合理的 STM。基于拓扑优化的 STM，虽然可以自动提取 STM，但是该 STM 往往不满足二力平衡条件，甚至有时 STM 是几何可变体系。事实上，由于混凝土的约束作用，STM 在发生微小变动后，可自动转变为几何不变体系。因此，可构造类桁架指标 I_t 来定量衡量 STM 与桁架结构的差异程度。

根据设计规范的要求，拉杆或压杆的位置与走向应与初始结构的主应力迹线指向一致。这能保证构件在正常工作条件下不发生过大的裂缝。钢筋混凝土结构的拉应力主要由钢筋来承受，而钢筋的布置位置应尽可能地发挥构件承载能力和避免正常使用极限状态下产生过大的裂缝。钢筋的用量是衡量结构经济性的重要指标。因此，可构造拉应力相似指标 I_s 和配筋率 I_r 指标对钢筋的位置和用量进行评估。STM 的效率指标 I_e 主要是指拓扑优化、STM 提取和形状优化总用时。在保证 STM 质量的前提下，所用时间越少，效率越高。

5.2.2 评价指标

1. 类桁架指标 I_t

对框架结构进行形状优化，可以提高类桁架指标 I_t，从而获得以轴力为主的 STM。

类桁架指标 I_t 由式（4.1）计算。

2. 拉应力相似指标 I_s

根据 STM 理论，拉杆和压杆的位置和朝向应该与构件线弹性分析的应力分布和应力主向保持一致。在混凝土结构设计中，压应力主要由混凝土承受，而拉应力主要由钢筋来承受。拉应力分析是构件配筋设计的主要依据。因此，STM 中的拉杆的位置和朝向是反映 STM 优劣的重要指标。采用拉应力相似指标 I_s 定量衡量初始结构和优化结构的拉应力的相似程度。

首先，基于线弹性有限元分析，分别得到初始结构和优化结构的主应力 σ^{ini} 和 σ^{opt}，对于平面问题，由式（2.17）分别求得初始结构和优化结构的主应力 $\sigma_{\mathrm{p}}^{\mathrm{ini}}$ 和 $\sigma_{\mathrm{p}}^{\mathrm{opt}}$。根据单元的最大主应力 σ_1 和最小主应力 σ_2，判别单元的受力状态。按照惯例，受拉时应力为正，受压时为负。当 $\sigma_1>0$ 且 $\sigma_1>-\sigma_2/\mu$ 时，受力单元为受拉单元，其余单元为受压单元。最终生成初始结构和优化结构的主应力分布情况。

其次，为了降低受拉区和容许体积比对拉应力相似指标 I_s 的灵敏度，采用断裂分析中的平均化算法[230]对初始结构和优化结构的拉应力进行了平均化。第 i 个受拉单元的平均化应力 $\overline{\sigma}_i$ 为

$$\overline{\sigma}_i = \frac{\sum_{j=1}^{NE} c(i,j)\sigma_j}{\sum_{j=1}^{NE} c(i,j)} \tag{5.1}$$

其中

$$c(i,j) = \max(r_0 - r(i,j), 0) \tag{5.2}$$

和

$$r_0 = \frac{V_0}{2 l_{\mathrm{f}} t} \tag{5.3}$$

式中，NE 为设计域内单元总数；$c(i,j)$ 为卷积滤波器；σ_j 为第 j 个单元的应力，对于受压单元，令 $\sigma_j=0$；r_0 为平均半径；$r(i,j)$ 为第 j 个和 i 个单元的中心距离；V_0、l_{f} 和 t 分别为设计域体积、STM 的总长度和构件的厚度。根据平均化应力，由式（2.17）分别计算初始结构和优化结构的平均化主应力 $\overline{\sigma}_1^{\mathrm{ini}}$ 和 $\overline{\sigma}_1^{\mathrm{opt}}$，并由 $\hat{\sigma}=\overline{\sigma}_1/\max(\overline{\sigma}_1)$ 进行归一化，可得到初始结构和优化结构的平均且归一化主应力 $\hat{\sigma}^{\mathrm{ini}}$ 和 $\hat{\sigma}^{\mathrm{opt}}$。

最后，采用结构相似性指数 SSIM 来定量衡量初始结构和优化结构的拉应力相似程度。SSIM[231]从亮度、对比度和结构三个方面综合评估图像的视觉效果。SSIM 的计算公式如下。

$$\mathrm{SSIM}(\boldsymbol{X},\boldsymbol{Y}) = \frac{(2\mu_X\mu_Y + C_1)(2\sigma_{XY} + C_2)}{(\mu_X^2 + \mu_Y^2 + C_1)(\sigma_X^2 + \sigma_Y^2 + C_2)} \tag{5.4}$$

式中，$\boldsymbol{X}$ 和 $\boldsymbol{Y}$ 分别为度量图像和参考图像的数据矩阵；μ_X 和 μ_Y 分别为数据矩阵的均值；σ_X、σ_Y 和 σ_{XY} 分别为各数据矩阵的标准差和协方差；C_1 和 C_2 为控制稳定性的较小非零常数。因此，I_{s} 可由式（5.5）得出。

$$I_{\mathrm{s}} = \mathrm{SSIM}(\hat{\sigma}^{\mathrm{opt}},\hat{\sigma}^{\mathrm{ini}}) \tag{5.5}$$

I_{s} 的取值范围为[0,1]。当 $I_{\mathrm{s}}=1$ 时，表示优化结构和初始结构的拉应力完美相似，I_{s} 值越小，优化结构和初始结构的拉应力相似程度越差。

3. 配筋率指标 I_{r}

纵向受拉钢筋的配筋率是混凝土结构设计中的一个重要设计指标。它与混凝土构件的破坏形态和承载力都密切相关。为了避免少筋和超筋破坏，构件的配筋率应控制在一个合理的范围内。在此前提下，高效的 STM 应使构件的配筋率尽可能地小。由式（2.18）定义构件的配筋率指标 I_{r} 如下。

$$I_{\mathrm{r}} = \rho_{\mathrm{s}} = \frac{1}{V_0}\sum_{i=1}^{N_t}\frac{\sigma_{1i}}{f_{\mathrm{y}}}V_{ti} \tag{5.6}$$

式中各量的含义详见式（2.18）的相关说明。

4. 效率指标 I_{e}

STM 的效率是指在保持 STM 质量的前提下，构建 STM 所用的时间。为了对其进行客观的评价，尽可能地采用相同的标准。有限元分析采用相同的有限元网格，收敛准则均为设计变量的变动连续三次均不大于 0.01，最优化算法均采用 MMA。构建 STM 所用时间包括拓扑优化时间 t_1、STM 提取时间 t_2 和形状优化时间 t_3。效率指标 I_{e} 可由式（5.7）计算。

$$I_{\mathrm{e}} = t_1 + t_2 + t_3 \tag{5.7}$$

5.2.3　评价过程

以拓扑优化结果为优化结构，以设计域为初始结构。对优化结构进行组件提取形成框架结构，采用框架单元进行有限元分析，得出各框架单元内力，由式（4.1）可得类桁架指标 I_t；对优化结果进行虚假材料模型的有限元分析，求得优化结构的位移场和主应力，由式（5.6）可得配筋率指标 I_r；采用四结点等参单元对初始结构进行有限元分析，求得初始结构的位移场和主应力，对优化结构和初始结构的主应力进行对比，采用结构相似性指数 SSIM 由式（5.5）可得拉应力相似指标 I_s。将拓扑优化、STM 提取和形状优化时间相加，得到效率指标 I_e。拉压杆模型的评价过程见图 5.1。

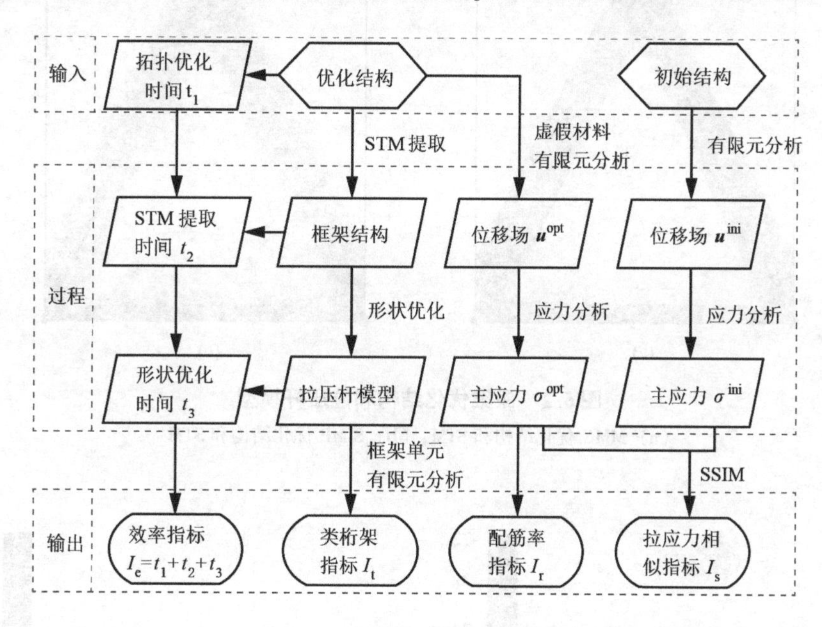

图 5.1　拉压杆模型评价过程

5.3　数值算例

为了便于讨论，在本章中作如下规定：拉压杆模型的杆件用实线表示，拉压杆模型的结点用圆点表示；在应力图中，拉应力为正数，压应力为负数，应力的单位为 MPa。在拓扑优化中，均采用 MMA 作为最优化算法，SIMP 方法以经典的 99 行代码[56]为基础，用 MMA 代替 OC 法进行最优化求解。数值计算所用软件为 MATLAB R2016a，笔记本电脑的参数为 Intel Core i7 - 7700 CPU @2.80GHz 和 8GB RAM。

5.3.1 简支深梁

跨中作用一个竖向荷载的简支深梁计算简图见图2.4。采用MMC和SIMP的优化结构和相应的STM见图5.2。优化结构的拓扑结构简单，不需要进行形状优化。为了获得拉应力相似指标和配筋率指标，对初始结构进行有限元分析并将主拉应力进行平均化，可得到深梁初始结构主应力和平均化主拉应力（图5.3)。对优化结构进行虚假材料有限元分析，可得到MMC和SIMP优化结构的主应力和平均化主应力（图5.4和图5.5)。

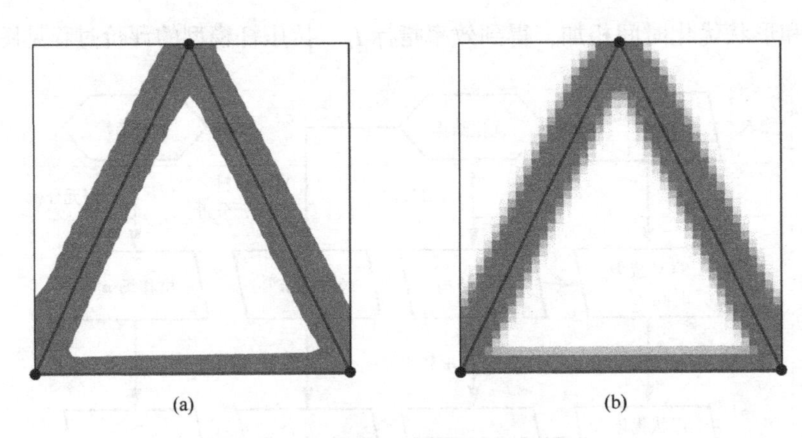

图5.2 深梁优化结构和拉压杆模型

(a) MMC优化结构和STM，(b) SIMP优化结构和STM

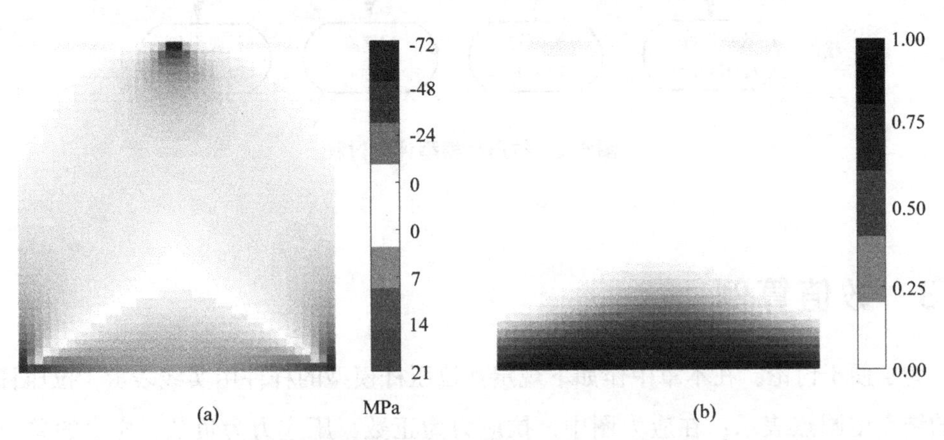

图5.3 深梁初始结构主应力和平均化主拉应力

(a) 初始结构主应力，(b) 平均化主拉应力

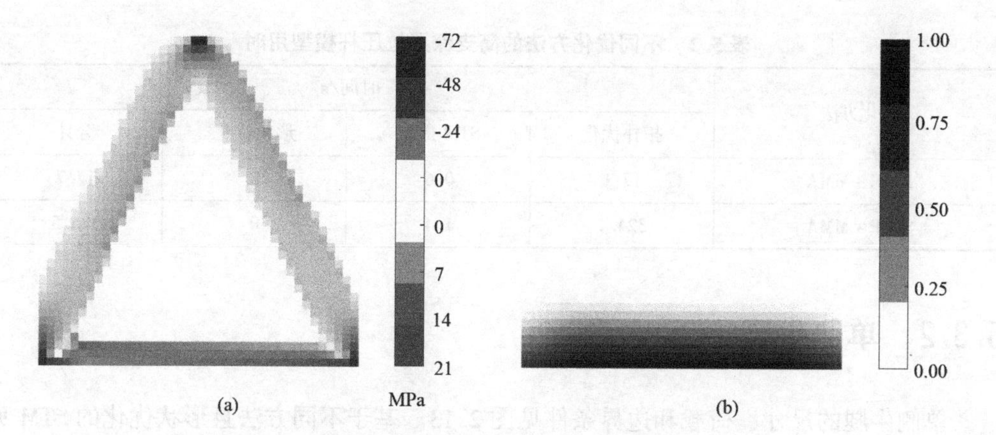

图5.4 深梁MMC优化结构主应力和平均化主拉应力

(a) 优化结构主应力，(b) 平均化主拉应力

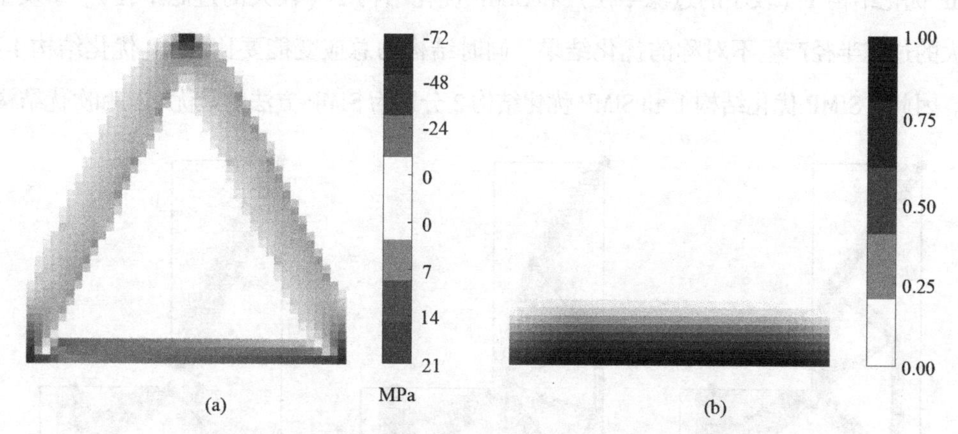

图5.5 深梁SIMP优化结构主应力和平均化主拉应力

(a) 优化结构主应力，(b) 平均化主拉应力

基于不同优化方法的STM评价结果如表5.1所列。STM相同且均为一个三角形构成的几何不变体系，类桁架指数均达到最大值1。拉应力相似指标和配筋率指标也基本相同。在效率方面，MMC方法比SIMP方法用时大幅减少。不同优化方法的STM用时如表5.2所列。由表5.2可知，时间的减少主要来自拓扑优化，然后为STM提取。

表5.1 简支深梁不同优化结构的评价结果

评价指标	优化结构	
	MMC	SIMP
类桁架指标 I_t	1.00	1.00
拉应力相似指标 I_s	0.86	0.85
配筋率指标 I_r/%	0.17	0.17
效率指标 I_e/min	0.30	5.43

表 5.2　不同优化方法的简支深梁拉压杆模型用时

优化方法	时间/s			
	拓扑优化	STM 提取	形状优化	合计
MMC + MMA	17.1	0.6	0	17.7
SIMP + MMA	324.1	1.4	0	325.5

5.3.2　单侧牛腿

单侧牛腿的尺寸、荷载和边界条件见图 2.13。基于不同方法且形状优化的 STM 见图5.6。在 SIMP 方法中，采用不同的过滤半径，得到两个不同的优化结构，分别记为 SIMP 优化结构 1（较小的过滤半径）和 SIMP 优化结构 2（较大的过滤半径）。事实上，较大的过滤半径产生不对称的优化结果，同时结构的总应变能要比 SIMP 优化结构 1 要大。因此，SIMP 优化结构 1 和 SIMP 优化结构 2 分别为 SIMP 方法的最优结构和次优结构。

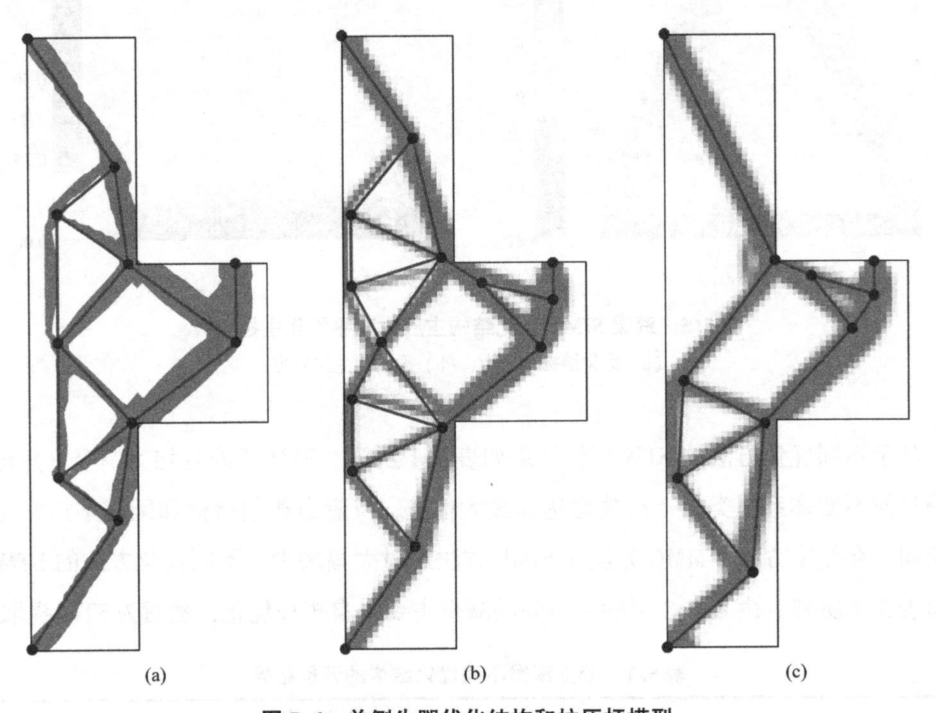

图 5.6　单侧牛腿优化结构和拉压杆模型

（a）MMC 优化结构和 STM，（b）SIMP 优化结构 1 和 STM，（c）SIMP 优化结构 2 和 STM

单侧牛腿初始结构和优化结构主应力和平均化主拉应力分别见图 5.7 和图 5.8。不同优化结构的拓扑并非完全相同，仅在部分细节处有所区别。总体上，MMC 优化结构

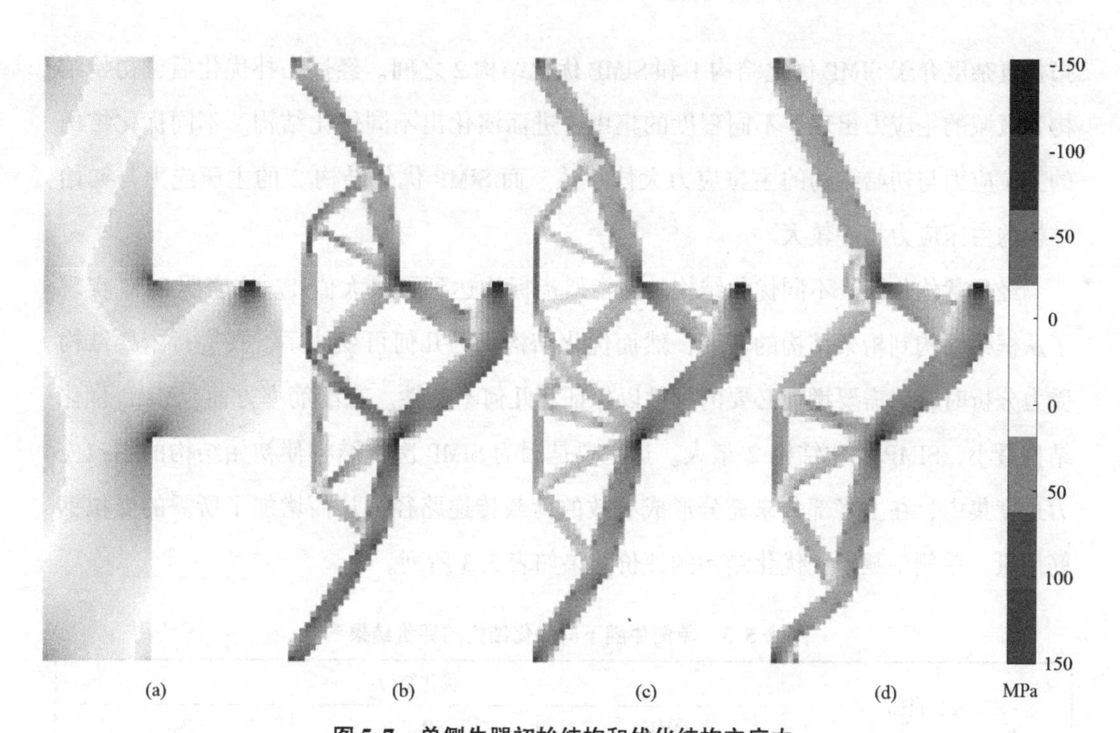

图 5.7　单侧牛腿初始结构和优化结构主应力

（a）初始结构，（b）MMC 优化结构，（c）SIMP 优化结构 1，（d）SIMP 优化结构 2

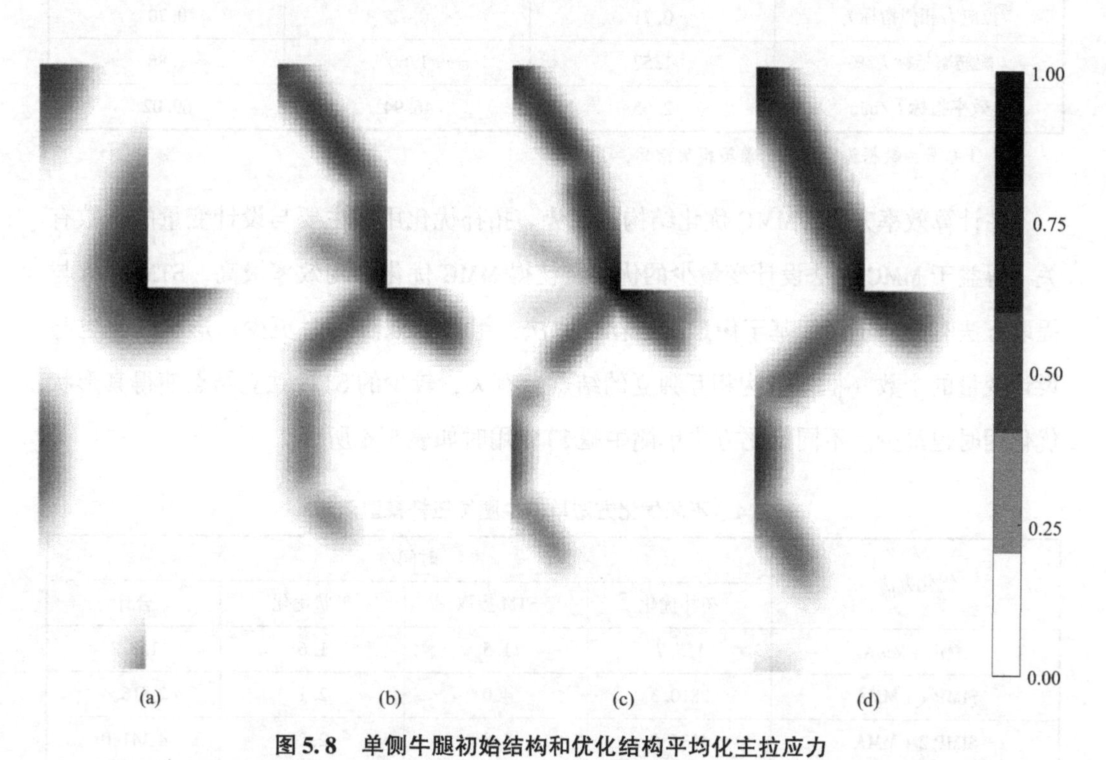

图 5.8　单侧牛腿初始结构和优化结构平均化主拉应力

（a）初始结构，（b）MMC 优化结构，（c）SIMP 优化结构 1，（d）SIMP 优化结构 2

拓扑复杂度介于 SIMP 优化结构 1 和 SIMP 优化结构 2 之间。经过拓扑优化后，初始结构各区域的主应力出现了不同程度的集中，进而演化出不同优化结构。不同优化结构的主拉应力与初始结构的主拉应力大体一致。而 SIMP 优化结构 2 的主压应力与初始结构的主压应力相差较大。

经形状优化后，不同优化结构的类桁架指标均达到了最大值 1。这表明 STM 实现了从框架结构到桁架结构的转变，然而优化结构仍为几何可变体系，在进行桁架结构受力分析时，仍需要增加必要的杆件以保证其几何不变性。在配筋率方面，MMC 优化结构最小，SIMP 优化结构 2 最大。这主要是因为 SIMP 次优结构使初始结构的主拉应力过度集中，在上半部分未充分形成有效的荷载传递路径，从而增加了所需的受拉钢筋用量。单侧牛腿不同优化结构的评价结果如表 5.3 所列。

表 5.3　单侧牛腿不同优化结构的评价结果

评价指标	优化结构		
	MMC	SIMP 1	SIMP 2
类桁架指标 I_t	1.00(0.93)①	1.00(0.96)	1.00(0.92)
拉应力相似指标 I_s	0.71	0.72	0.70
配筋率指标 I_r/%	1.57	1.60	1.86
效率指标 I_e/min	2.65	46.94	69.02

注：①括号内数据为形状优化前类桁架指标，下同。

在计算效率方面，MMC 优化结构占优势。拓扑优化用时主要与设计变量的个数有关，得益于 MMC 方法设计变量少的优势，使得 MMC 优化结构效率极高。STM 提取与提取方法有关，不同于基于像素的细化提取法，组件提取法用时更少。形状优化也与设计变量的个数（框架结构相互独立的结点）有关，较少的 STM 独立结点使得其形状优化用时也最少。不同优化方法单侧牛腿 STM 用时如表 5.4 所列。

表 5.4　不同优化方法单侧牛腿拉压杆模型用时

优化方法	时间/s			
	拓扑优化	STM 提取	形状优化	合计
MMC + MMA	155.7	1.5	1.6	158.8
SIMP 1 + MMA	2810.3	4.0	2.1	2 816.4
SIMP 2 + MMA	4135.0	3.8	2.2	4 141.0

5.3.3　开洞深梁

开洞深梁的计算简图见图4.23，MMC 和 SIMP 方法的优化结构和 STM 见图5.9。不同的优化结构几何拓扑完全一致，仅是洞口的大小不同。深梁在洞口、荷载作用点和支座附近存在明显的应力集中（图 5.10）。开洞深梁不同优化结构主应力和平均化主应力分别见图 5.11 和图 5.12。由图可知，不同优化结构的主拉应力与初始结构的主拉应力基本吻合。

图 5.9　开洞深梁优化结构和拉压杆模型

(a) MMC 优化结构和 STM，(b) SIMP 优化结构和 STM

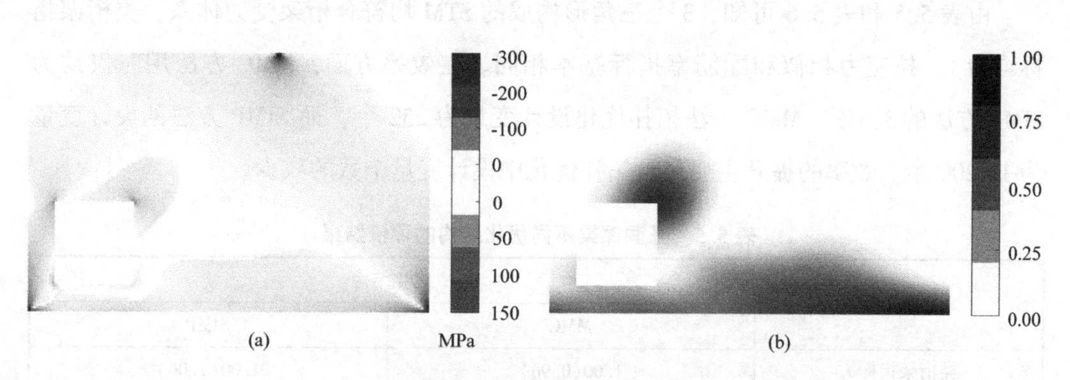

图 5.10　开洞深梁初始结构主应力和平均化主拉应力

(a) 初始结构主应力，(b) 平均化主拉应力

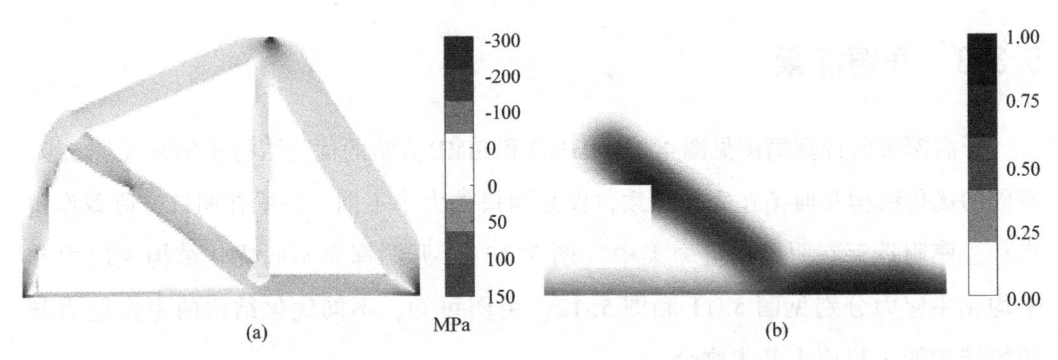

图 5.11 开洞深梁 MMC 优化结构主应力和平均化主拉应力

(a) 优化结构主应力，(b) 平均化主拉应力

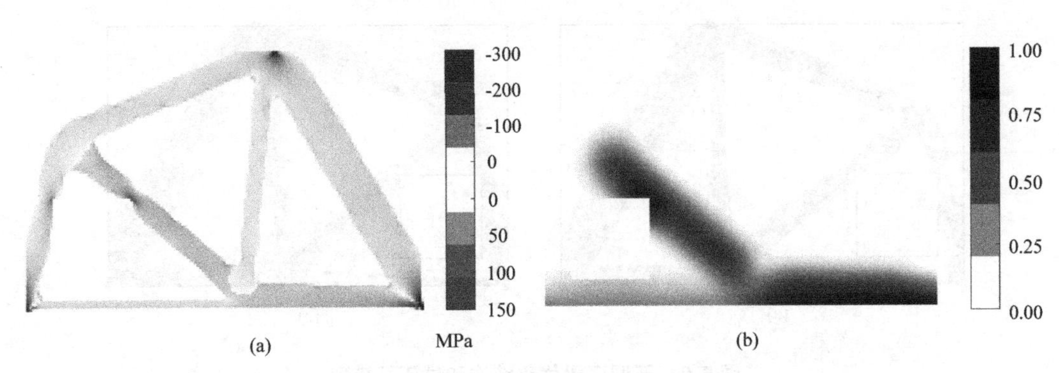

图 5.12 开洞深梁 SIMP 优化结构主应力和平均化主拉应力

(a) 优化结构主应力，(b) 平均化主拉应力

由表 5.5 和表 5.6 可知，3 个三角形构成的 STM 均符合桁架受力体系，类桁架指标均为 1。拉应力相似和配筋率指标基本相同。在效率方面，MMC 方法用时仅约为 SIMP 方法的 3.3%。MMC 方法拓扑优化设计变量为 252 个，而 SIMP 方法的设计变量为 13 200 个。效率的提升主要来自拓扑优化中设计变量个数的减少。

表 5.5 开洞深梁不同优化结构的评价结果

评价指标	优化结构	
	MMC	SIMP
类桁架指标 I_t	1.00(0.96)	1.00(1.00)
拉应力相似指标 I_s	0.78	0.77
配筋率指标 I_r/%	0.76	0.75
效率指标 I_e/min	10.70	322.18

表 5.6　不同优化方法开洞深梁拉压杆模型用时

优化方法	时间/s			
	拓扑优化	STM 提取	形状优化	合计
MMC + MMA	609.2	0.9	31.6	641.7
SIMP + MMA	19 321	5.2	4.7	19 330.9

5.4　本章小结

本章建立了包括类桁架指标、拉应力相似指标、配筋率指标和效率指标的 STM 评价体系，并得出以下结论。

（1）STM 评价体系从结构类型、应力相似、经济性和效率方面衡量了基于不同拓扑优化方法的 STM 的优劣，实现了 STM 的定量比较。

（2）与次优结构相比，最优结构在拉应力相似性和配筋率方面更具优势。

（3）与 SIMP 方法相比，基于 MMC 的拉压杆模型在计算效率方面有明显优势。

第6章　基于MMC三维拓扑优化的拉压杆模型

6.1　概述

基于三维拓扑优化的拉压杆模型包括拓扑优化、骨架提取和拉压杆模型提取等内容，是涉及计算力学、结构优化、拓扑学和计算机图形学的交叉学科。在三维拓扑优化中，大规模的有限单元和设计变量使得三维有限元分析和优化分析均耗时较长。例如，对于100×100×100的有限元网格，采用传统拓扑优化方法，在有限元分析中自由度数多达300万，在优化分析中优化变量数约为100万，被称为“维度灾难”。曲线骨架提取是计算机图形和可视化的重要工作之一，也是拉压杆模型构建的关键环节。因此，基于三维拓扑优化的拉压杆模型的研究具有重要的理论意义和应用价值。

三维拓扑优化一直是拓扑优化领域的研究热点和难点。Jacobsen等[232]研究了基于3阶层叠微结构的三维拓扑优化。Liu和Tovar[52]提出了一种基于SIMP的三维拓扑优化方法。Zegard和Paulino[233]提出了一种适用于任意设计域的三维基结构拓扑优化方法。Zuo和Xie[234]编制了基于ABAQUS的三维BESO拓扑优化代码。Zhang等[235]提出了一种基于MMC的三维拓扑优化方法。Zhang等[236-237]提出了一种基于MMV的三维拓扑方法。该方法通过自由度去除技术和B样条曲面，不仅节约了有限元分析时间，还提高了优化效率。Zhou等[238]提出了一种基于数字图像压缩的拓扑优化方法，该方法将离散余弦变换和SIMP方法相结合，进一步提高了三维拓扑优化的效率。Lin等[239]研究了基于ANSYS参数化设计语言的动态演化率BESO拓扑优化，并探讨了三维和周期性结构的BESO拓扑优化。

众多研究人员对曲线骨架提取进行了研究。Amenta 等[216]提出了一种由采样点进行曲面重建的 Crust 算法，该算法采用中轴变换定义了一个分段线性曲面来近似实体的表面。Au 等[240]采用约束拉普拉斯光滑方法通过网格收缩实现了曲线骨架的提取。黄文伟[241]研究了基于拉普拉斯算子的点云骨架提取。Tagliasacchi 等[242]采用曲面光顺中的平均曲率流，提出了基于网格收缩的平均曲率骨架方法。关于曲线骨架的提取详见专著［243－245］。与平面问题骨架提取类似，曲线骨架提取方法分为利用模型内部信息的实体方法和只利用模型表面信息的几何方法。为了充分利用 MMC 拓扑优化的显式特性，本章采用基于拉普拉斯提取方法从三维优化结构中提取曲线骨架。

本章将基于可移动变形组件的三维拓扑优化方法用于拉压杆模型的研究，讨论了三维拓扑优化的有限元分析和优化分析的效率，将基于平均曲率流的拉普拉斯方法用于三维优化结构的曲线骨架提取，进而构建三维结构的 STM。通过对四桩承台、悬臂梁和受扭梁的数值计算，证实了该方法的可行性和高效性。

6.2　三维结构的拓扑描述

6.2.1　三维组件的拓扑描述

将组件的描述从二维向三维扩展。类似地，先构建出第 i 个三维组件的拓扑描述函数。

$$\chi_i(\boldsymbol{x})=\chi_i(x,y,z)=1-\left(\frac{x'}{L_{1i}}\right)^p-\left[\frac{y'}{L_{2i}(x')}\right]^p-\left[\frac{z'}{L_{3i}(x',y')}\right]^p \tag{6.1}$$

其中

$$\begin{bmatrix}x'\\y'\\z'\end{bmatrix}=\begin{bmatrix}T_{11}&T_{12}&T_{13}\\T_{21}&T_{22}&T_{23}\\T_{31}&T_{32}&T_{33}\end{bmatrix}\begin{bmatrix}x-x_{0_i}\\y-y_{0_i}\\z-z_{0_i}\end{bmatrix} \tag{6.2}$$

和

$$\begin{bmatrix}T_{11}&T_{12}&T_{13}\\T_{21}&T_{22}&T_{23}\\T_{31}&T_{32}&T_{33}\end{bmatrix}=\begin{bmatrix}c_bc_r&c_bs_r&-s_b\\s_as_bc_r-c_as_r&s_as_bs_r+c_ac_r&s_ac_b\\c_as_bc_r-s_as_r&c_as_bs_r-s_ac_r&c_ac_b\end{bmatrix} \tag{6.3}$$

式中，$s_a = \sin\alpha$，$c_a = \cos\alpha$，$s_b = \sin\beta$，$c_b = \cos\beta$，$s_r = \sin\gamma$，$c_r = \cos\gamma$。而 α、β 和 γ 分别为组件从整体坐标系（$oxyz$）到局部坐标系（$o'x'y'z'$）的三个旋转角，见图 6.1。在式（6.1）中，p 取 6。在式（6.2）中，（x_{0i}，y_{0i}，z_{0i}）为第 i 个三维组件的中心点空间坐标；L_{1i}、L_{2i} 和 L_{3i} 分别为组件在 x'、y' 和 z' 方向的尺寸。为了简化，本章假定这三个方向的尺寸均保持不变，见图 6.2。

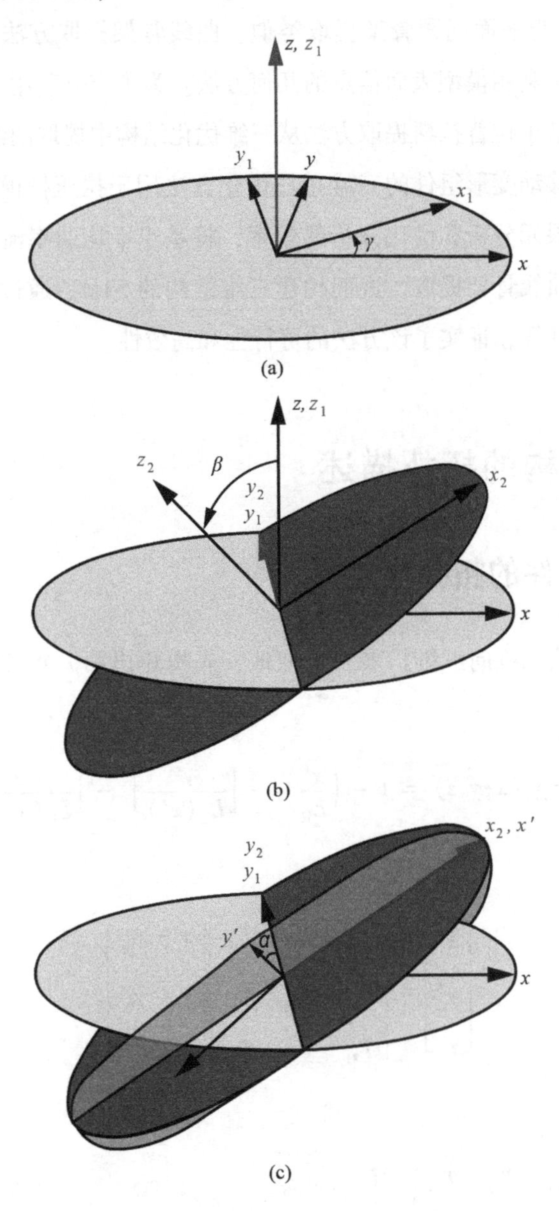

图 6.1　三维直角坐标系旋转变换示图意图

（a）绕 z 轴旋转，（b）绕 y_1 轴旋转，（c）绕 x_2 轴旋转

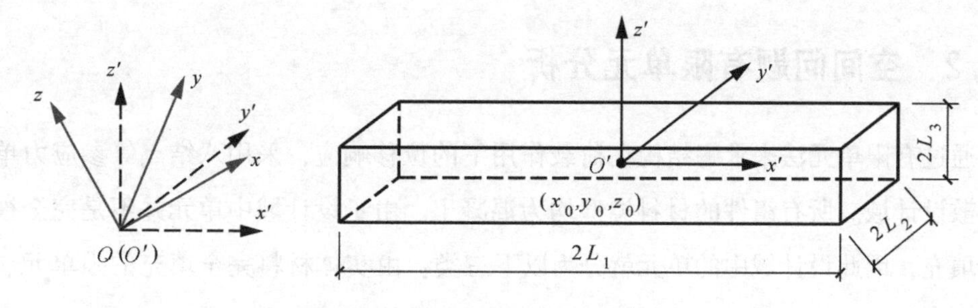

图6.2 三维组件的几何表示

6.2.2 三维结构的拓扑描述

在获得单个组件的拓扑描述函数后，对某一固定位置，可确定该固定点与多个组件所形成的空间的相对位置关系。三维结构仍可由拓扑描述函数式（2.1）和式（2.5）进行描述。

总之，三维结构的拓扑可用一个设计向量 $\boldsymbol{d}=(\boldsymbol{d}_1^{\mathrm{T}},\cdots,\boldsymbol{d}_i^{\mathrm{T}},\cdots,\boldsymbol{d}_{nc}^{\mathrm{T}})^{\mathrm{T}}$ 来唯一地确定。其中 $\boldsymbol{d}_i=(x_{0i},y_{0i},L_{1i},L_{2i},L_{3i},\sin\alpha,\sin\beta,\sin\gamma)^{\mathrm{T}}$。

6.3 数值实现

6.3.1 空间问题拓扑优化列式

对于空间问题，仍采用体积约束下的柔度最小的优化列式。由于优化列式（2.7）采用张量形式，因此该式对于空间问题仍然适用。弹性张量的矩阵形式，即弹性矩阵 $\boldsymbol{D}^*$，如式（6.4）所示。

$$\boldsymbol{D}^*=\frac{E(1-\mu)}{(1+\mu)(1-2\mu)}\begin{bmatrix}1 & \frac{\mu}{1-\mu} & \frac{\mu}{1-\mu} & 0 & 0 & 0\\ \frac{\mu}{1-\mu} & 1 & \frac{\mu}{1-\mu} & 0 & 0 & 0\\ \frac{\mu}{1-\mu} & \frac{\mu}{1-\mu} & 1 & 0 & 0 & 0\\ 0 & 0 & 0 & \frac{1-2\mu}{2(1-\mu)} & 0 & 0\\ 0 & 0 & 0 & 0 & \frac{1-2\mu}{2(1-\mu)} & 0\\ 0 & 0 & 0 & 0 & 0 & \frac{1-2\mu}{2(1-\mu)}\end{bmatrix} \tag{6.4}$$

6.3.2 空间问题有限单元分析

通过有限单元法来求解结构在荷载作用下的位移响应，采用八结点等参应力单元来离散设计域。所有组件的材料类型均为混凝土。由于设计域中单元并不是完全被材料所填充，因此设计域中的单元就分为以下三类：由实体材料完全填充的强单元、完全没有材料填充的弱单元和由材料部分填充的中间单元，见图 6.3。

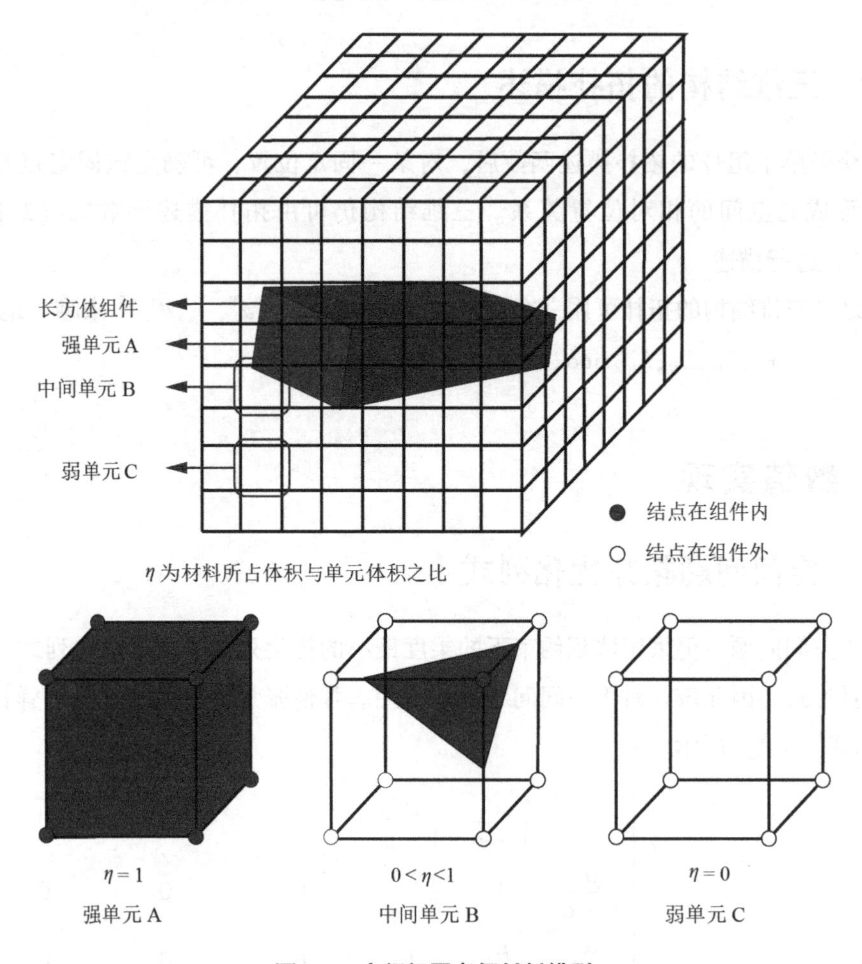

图 6.3 空间问题虚假材料模型

虚假材料模型就是要合理表达这三类单元的刚度矩阵。一般来说，按填充材料所占体积与单元体积的比例来定量考虑对单元刚度的影响，即按照材料填充单元后形成的不同裁剪类型[246]，来计算实体材料填充的百分率 η。考虑到数值计算的方便，η 可由式（6.5）近似计算。

$$\eta = \frac{1}{8}\sum_{j=1}^{8}\left[H(\chi_j^e)\right]^q \tag{6.5}$$

则单元 e 的虚假弹性模量为

$$E_e^i = \eta E = \frac{1}{8}\sum_{j=1}^{8}\left[H(\chi_j^e)\right]^q E \tag{6.6}$$

式中，E 为材料的弹性模量；$\chi_j^e(j=1,\cdots,8)$ 为结构拓扑描述函数 χ_s 在单元 e 八个结点处的取值；q 为一个正整数，取 $q=2$；$H(x)$ 为单位阶跃函数，同式（2.11）。

在得到材料虚假弹性模量后，可得单元刚度矩阵。

$$\boldsymbol{K}_e = \eta\boldsymbol{K}_e^* = \eta\int_{\Omega_e}\boldsymbol{B}^{\mathrm{T}}\boldsymbol{D}^*\boldsymbol{B}\mathrm{d}V \tag{6.7}$$

式中，Ω_e 为单元所占空间域；$\boldsymbol{B}$ 为单元应变矩阵；$\boldsymbol{K}_e^*$ 和 $\boldsymbol{D}^*$ 分别为对应于混凝土的单元刚度矩阵和弹性矩阵。

6.3.3　结点自由度去除技术

为了尽可能地提高三维拓扑优化中有限元分析的效率，在本小节中采用了结点自由度去除技术，即把弱单元的结点自由度去除，使结构分析中的自由度总数减少，从而提高有限元分析效率。图 6.4 为结点自由度去除示意图。为了便于理解，在本小节中以二维悬臂梁为例来进行说明。悬臂梁右下角承受竖向荷载 P，将设计域进行有限元离散，由五个组件进行拓扑优化。

在进行自由度去除前，首先将长、宽或高较小的次要组件去掉，形成主要组件；其次对主要组件进行连通性判定；最后对连通的主要组件是否形成有效荷载路径进行判断。图 6.4（a）为连通的 5 个组件。由于连通的组件并未与荷载作用点相连，因此未形成有效荷载路径；图 6.4（b）为未连通的五个组件，分为左右两部分。虽然右部分经过荷载作用点，但是也未形成有效荷载路径。在未形成有效荷载路径前，去除弱单元的结点自由度显然是不合适的。在形成有效荷载路径后，则可以将弱单元的结点自由度去除。可去除的弱单元结点用图 6.4（c）和（d）中的圆点表示。

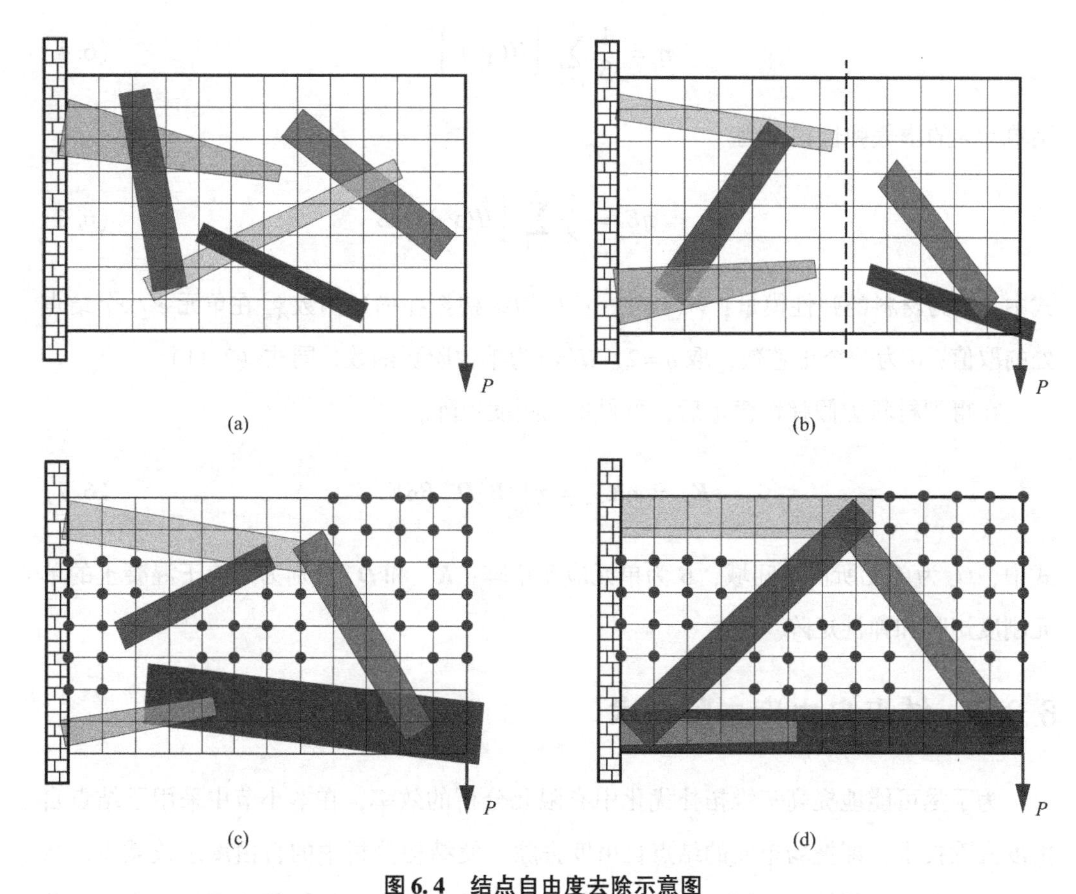

图 6.4 结点自由度去除示意图

(a) 连通的组件，(b) 未连通的组件，(c) 有效荷载路径，(d) 最优荷载路径

6.3.4 灵敏度分析

在优化问题中，灵敏度分析主要是指对目标函数和约束函数的导数进行求解。在基于梯度的优化算法中，需要将灵敏度信息传递给最优化求解程序以寻找最优的目标函数值。假定用 a 表示任意一个设计变量，则目标函数的灵敏度可表示如下。

$$\frac{\partial \boldsymbol{C}}{\partial a} = -\sum_{e=1}^{NE} \boldsymbol{u}_e^{\mathrm{T}} \frac{\partial \boldsymbol{K}_e}{\partial a} \boldsymbol{u}_e = -\frac{1}{8}\left\{\sum_{e=1}^{NE} \sum_{j=1}^{8} q \left[H(\chi_j^e)\right]^{q-1} \frac{\partial H(\chi_j^e)}{\partial a}\right\} \boldsymbol{u}_e^{\mathrm{T}} \boldsymbol{K}_e^* \boldsymbol{u}_e \tag{6.8}$$

式中，$\boldsymbol{K}_e^*$ 为对应于混凝土的单元刚度矩阵；$\boldsymbol{u}_e$ 为单元位移列阵；NE 是设计域内有限单元的总数。

类似地，不等式约束函数的灵敏度为

$$\frac{\partial V}{\partial a}=\frac{1}{8}\sum_{e=1}^{NE}\sum_{i=1}^{8}\frac{\partial H(\chi_j^e)}{\partial a} \tag{6.9}$$

与平面情况类似，通过对χ_j^e进行有限差商来近似计算$\frac{\partial H(\chi_i^e)}{\partial a}$。

在本小节中仍采用拓扑优化中广泛采用的MMA算法[186,188]。对于设计变量不超过10万的空间问题，该算法仍然适用。需要强调的是，对于不同的问题，部分参数需要进行仔细的调整，才能使该算法快速且稳定地收敛。这些参数包括移动的左渐近线L_j、右渐近线U_j、设计变量的移动步长限等。一般来说，当迭代过程出现振荡时，可通过减少两个渐近线间的距离和移动步长限来稳定迭代过程；当迭代过程单调变化且较慢时，可以通过增加两个渐近线间的距离和移动步长限来适当加快迭代过程。

6.4　拉普拉斯提取法

6.4.1　基本概念

1. 中轴和曲线骨架

对于空间图形，中轴既包含二维的曲面也包含一维的曲线，此时中轴往往称为中轴面。曲线骨架是三维物体的一维抽象表示，目前并没有统一的定义。针对不同的领域，对曲线骨架作出具体的要求是更加合理的。任何一个空间图形一定有一个中轴面，而曲线骨架却不一定存在。只有具有广义圆形截面的形状才能近似为曲线骨架，而较小体积比的拓扑优化结果往往呈现具有广义圆形截面的桁架结构。鉴于中轴面的复杂性和STM的一维特性，本章采用曲线骨架提取三维优化结构的STM。

2. 平均曲率流

给定曲面S_0，平均曲率流（Mean Curvature Flow，简称MCF）是一种曲面点沿与曲面法线相反方向的迭代运动，其运动速度与局部平均曲率$\boldsymbol{H}_m$成正比。平均曲率流$\dot{S}_0$为

$$\dot{S}=-\boldsymbol{H}_m\boldsymbol{n} \tag{6.10}$$

其中，平均曲率$\boldsymbol{H}_m$为

$$\boldsymbol{H}_{\mathrm{m}} = \frac{k_1 + k_2}{2} \tag{6.11}$$

式中，$\boldsymbol{n}$ 为曲面点的法向量；k_1 和 k_2 分别为曲面点的主曲率。

根据微分几何分析，平均曲率流为各向异性流。MCF 加强了形状的局部各向异性效应，倾向于曲面在最大曲率的方向上收缩。详细的数学分析过程见文献[242]。以小直径的无限长圆柱体为例，径向的曲率远大于长度方向的曲率。平均曲率流的各向异性效应，使得曲面沿径向快速地收缩，而沿长度方向曲面基本不变。

3. 拉普拉斯算子

在计算机图形学中，三维模型通常采用其表面的三角网格来表示。为了便于曲面局部操作，需将经典的直角坐标系转换为微分坐标系。拉普拉斯算子可以实现网格从直角坐标到微分坐标的变换。假设一个三角网格用 $\boldsymbol{GM}(\boldsymbol{V}_{\mathrm{M}},\boldsymbol{E}_{\mathrm{M}},\boldsymbol{F}_{\mathrm{M}})$ 表示，其中 $\boldsymbol{V}_{\mathrm{M}}$、$\boldsymbol{E}_{\mathrm{M}}$ 和 $\boldsymbol{F}_{\mathrm{M}}$ 分别表示这个三角网格的顶点、边和面的集合。N 个顶点的网格拉普拉斯算子 $\boldsymbol{L}$ 为 $N \times N$ 的矩阵，若采用余切权，其元素可表示为

$$L_{ij} = \begin{cases} \omega_{ij} = \cot\alpha_{ij} + \cot\beta_{ij}, & \text{当}(i,j) = \in \boldsymbol{E}_{\mathrm{M}}\text{时}, \\ \sum_{(\mathrm{i,k}) \in \boldsymbol{E}_{\mathrm{M}}}^{\mathrm{k}} - \omega_{ik}, & \text{当}\, i = j\,\text{时}, \\ 0, & \text{其他。} \end{cases} \tag{6.12}$$

式中，α_{ij}和 β_{ij}分别为网格边 $E_{\mathrm{M}ij}$在 Delaunay 三角剖分的两个三角形的对角。

6.4.2 拉普拉斯提取过程

拉普拉斯提取法采用网格收缩的曲线骨架提取。本章采用基于平均曲率流的骨架化算法[242]，该算法利用平均曲率流的面积最小化特性，将平均曲率流描述为曲线。当曲率流趋向极值时，空间图形的表面网格发生坍缩，进而形成曲线骨架。在几何上，曲线骨架为具有无穷小截面的零面积、零体积的简并流形。因此，可以将平均曲率流用于曲线骨架提取。基于平均曲率流的拉普拉斯提取法主要步骤如下。

（1）通过三维拓扑描述函数的零水平集构建点云。

（2）采用 Crust 算法形成优化结构的三角网格，生成点云的 Voronoi 图，并计算 Voronoi 极点，将这些极点当作拉普拉斯方程的约束条件。

（3）计算网格的拉普拉斯矩阵。

（4）求解拉普拉斯方程 $\boldsymbol{L}\boldsymbol{V}_{\mathrm{M}}=0$，更新网格顶点位置、收缩权和约束权。

（5）重新划分局部网格，再次求解拉普拉斯方程，直到网格的体积接近零，若满足条件则进行下一步，否则转第（3）步继续迭代。

（6）采用边坍缩算法将中间骨架简化为曲线骨架。

由于MCF的各向异性，在收缩过程中不可避免地会产生高宽比较大的畸形三角形，从而导致出现病态的刚度矩阵。通过边分割将畸形三角形细分，并采用边坍缩对较小的边进行合并，从而实现对网格的局部重划分。由于拉普拉斯算子 $\boldsymbol{L}$ 是奇异的，因此将拉普拉斯方程

$$\boldsymbol{L}\boldsymbol{V}'_{\mathrm{M}} = 0 \tag{6.13}$$

进行正则化，得到

$$\begin{bmatrix} \boldsymbol{L} \\ \boldsymbol{W}_H \end{bmatrix} \boldsymbol{V}'_{\mathrm{M}} = \begin{bmatrix} 0 \\ \boldsymbol{W}_H \boldsymbol{V}_{\mathrm{M}} \end{bmatrix} \tag{6.14}$$

式中，$\boldsymbol{V}'_{\mathrm{M}}$ 是由 $\boldsymbol{V}_{\mathrm{M}}$ 生成的一组新的顶点；$\boldsymbol{W}_H$ 为主对角元素值均为 $\boldsymbol{\omega}_H$ 的对角矩阵；由于该方程组是超定的，因此该方程的解等价于极小化二次函数。

$$\| \boldsymbol{L}\boldsymbol{V}'_{\mathrm{M}} \|^2 + \omega_H^2 \sum_i \| V'_i - V_i \|^2 \tag{6.15}$$

引入MCF后，将式（6.15）修改为

$$\| \boldsymbol{W}_L \boldsymbol{L}\boldsymbol{V}'_{\mathrm{M}} \|^2 + \sum_i \omega_H \| V'_i - V_i \|^2 + \sum_i \omega_H \| V'_i - \lambda(V_i) \|^2 \tag{6.16}$$

式中，$\boldsymbol{W}_L$ 为主对角元素值均为 ω_L 的对角矩阵；$\lambda(V_i)$为与顶点 V_i 对应的Voronoi极点。式（6.16）中的三项分别为光滑项、速度项和中轴项。在迭代过程中，速度项逐渐变为零，光滑项和中轴项相互平衡，保证了曲线骨架的光滑性和中轴性。

6.5 数值算例

本节通过混凝土结构中四桩承台、悬臂梁和受扭梁算例，对基于MMC三维拓扑优化的拉压杆模型进行研究。拓扑优化所采用的软件为MATLAB R2016a，笔记本电脑的参数为Intel Core i7 – 7700 CPU @2.80GHz和8GB RAM。根据拉压杆模型的惯例，粗实线表示拉杆，粗虚线表示压杆。构件尺寸标注以mm为单位。

有限元分析所采用的参数为混凝土的弹性模量 $E=3\times10^4\mathrm{MPa}$，泊松比 $\mu=0.15$。

有限元分析采用空间八结点等参应力单元。

6.5.1 四桩承台

1. 四桩承台 MMC 拓扑优化

四桩承台是厂房和桥梁结构中广泛使用的基础形式，它能可靠地将上部荷载传递给地基。图 6.5 为四桩承台的计算简图。700 kN 的竖向荷载通过长方体承台传递到四个方形桩上，此处桩与承台的连接简化为固定支座。

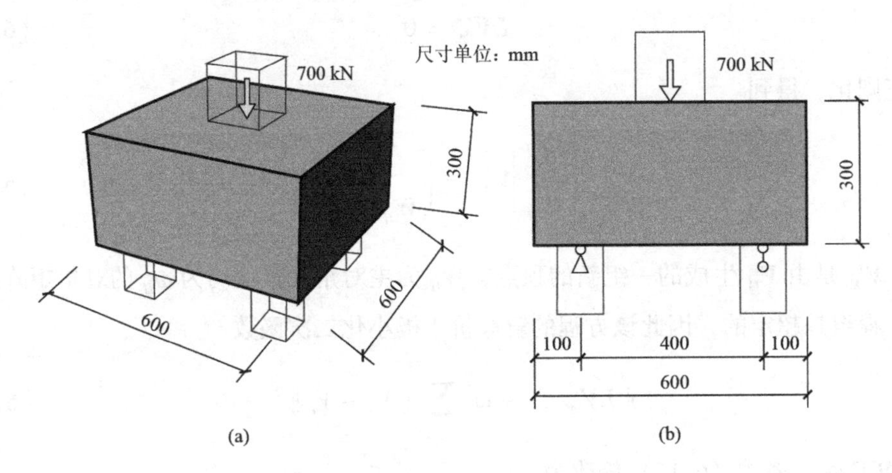

图 6.5　四桩承台计算简图

(a) 轴测图，(b) 正（侧）立图

在有限元分析中，承台被离散为 48 ×48 ×24 的有限元网格，每个单元的边长为 12.5mm。为了获得类桁架的布置，一般采用较小的容许体积比，即 $\overline{V}=0.2$。在拓扑优化中，承台在高度方向等分为 3 层，每层各 16 个组件，共计 48 个组件。其初始布置见图 6.6（a）。在优化分析中，设计变量为 9 ×48 =432 个，而在 SIMP 方法中的设计变量为 48 ×48 ×24 =55 296 个。与 SIMP 方法相比，MMC 方法设计变量的个数减少了约 99%，单次 MMA 优化分析平均用时仅为 4.61 s。因此，MMC 拓扑优化将优化模型和有限元模型进行解耦，在一定程度上提高了优化分析效率。

经过 3 次迭代后，承台上层组件由 16 个减少为 4 个，组件总数量由 48 个减少为 36 个。经过 4 次迭代后组件总数进一步减少为 20 个。拓扑优化过程见图 6.6。虽然在荷载作用点和支座处并未直接布置组件，但是组件逐渐向荷载作用点和四个支座处聚集。经过 19 次迭代后，四桩承台组件最终减少为 16 个，其最优拓扑见图 6.6（d），

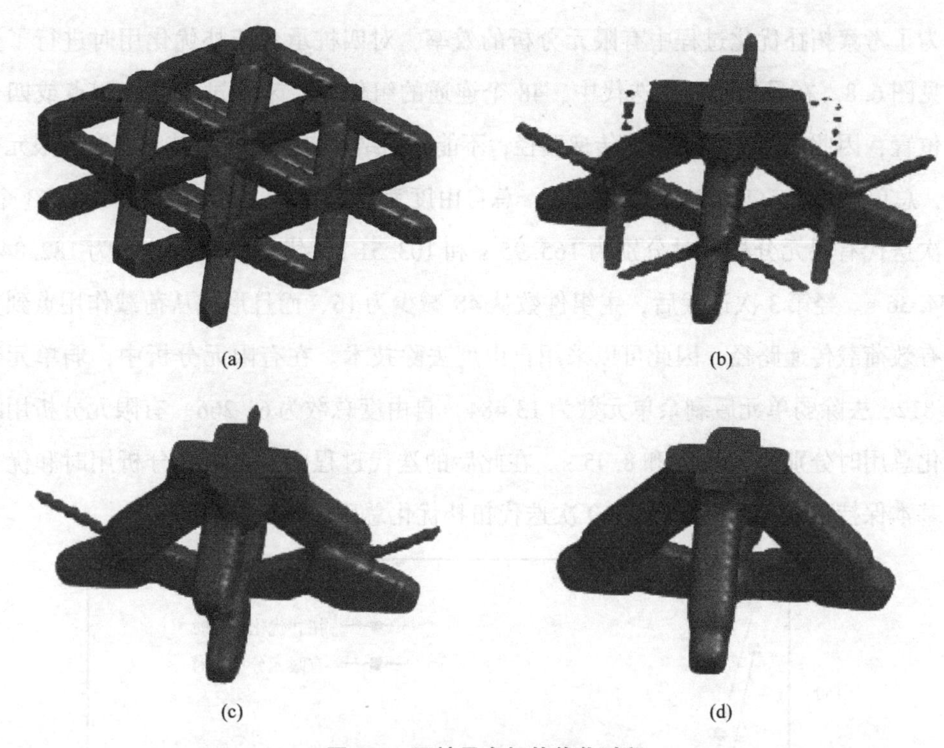

图 6.6　四桩承台拓扑优化过程

（a）初始拓扑，（b）第 3 次迭代，（c）第 4 次迭代，（d）最优拓扑

最小目标函数值为 2. 89 kJ。四桩承台的收敛曲线见图 6. 7。

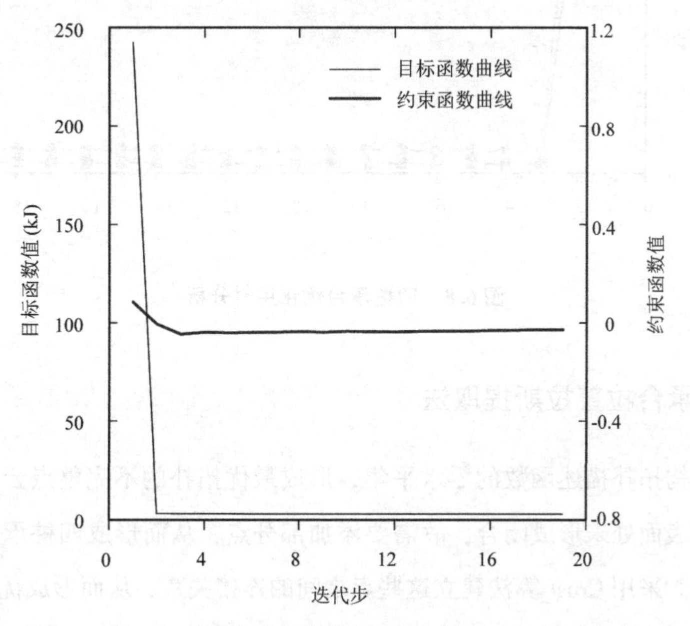

图 6.7　四桩承台收敛曲线

为了考察拓扑优化过程中有限元分析的效率，对四桩承台拓扑优化用时进行了分析，见图6.8。在最初的两次迭代中，48个连通的组件由于未经过荷载作用点或四个支座位置，因此未形成有效荷载传递路径，不能采用结点自由度去除技术。在有限元分析中，总单元为48×48×24=55 296个，总自由度为(49×49×25−4)×3=180 063个，前两次迭代有限元分析用时分别为165.95 s和103.51 s，优化总用时分别为182.84 s和134.36 s。经第3次迭代后，主组件数从48减少为16，而且形成从荷载作用点到支座的有效荷载传递路径，因此可以采用自由度去除技术。在有限元分析中，弱单元数为41 812，去除弱单元后剩余单元数为13 484，自由度总数为61 266。有限元分析用时和优化总用时分别为3.60 s和8.45 s。在此后的迭代过程中，有限元分析用时和优化总用基本保持不变。四桩承台经19次迭代拓扑优化总用时共计7.67 min。

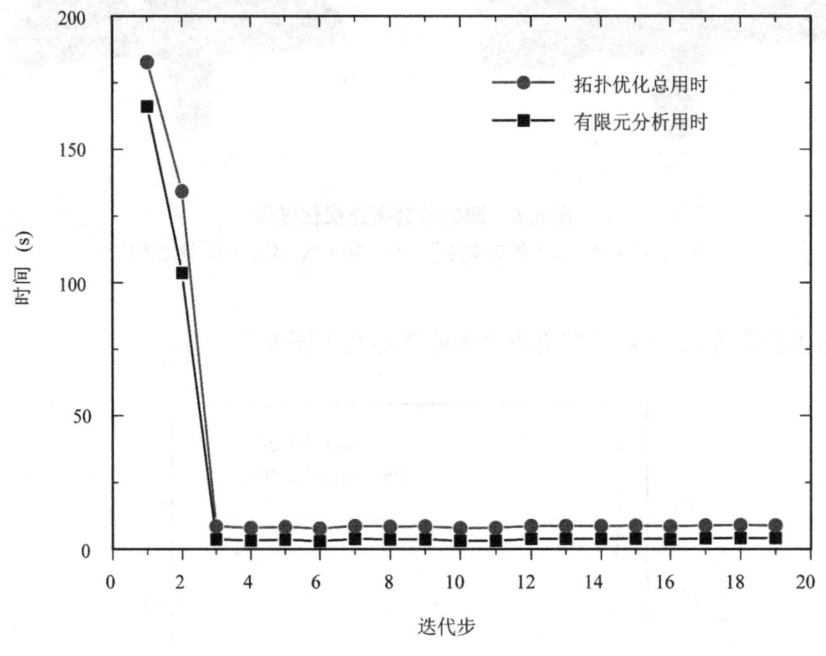

图6.8　四桩承台优化用时分析

2. 四桩承台拉普拉斯提取法

由三维结构拓扑描述函数的零水平集，形成最优拓扑的不完整点云。该点云在最优拓扑的上下表面处未形成闭合，故需要添加部分点，从而形成四桩承台优化结构表面的完整点云。采用Crust算法建立这些点之间的连接关系，从而形成优化结构的表面三角网格。图6.9为由5 559个表面点构成的四桩承台优化结构点云和由11 126个三角面片构成的三角网格。

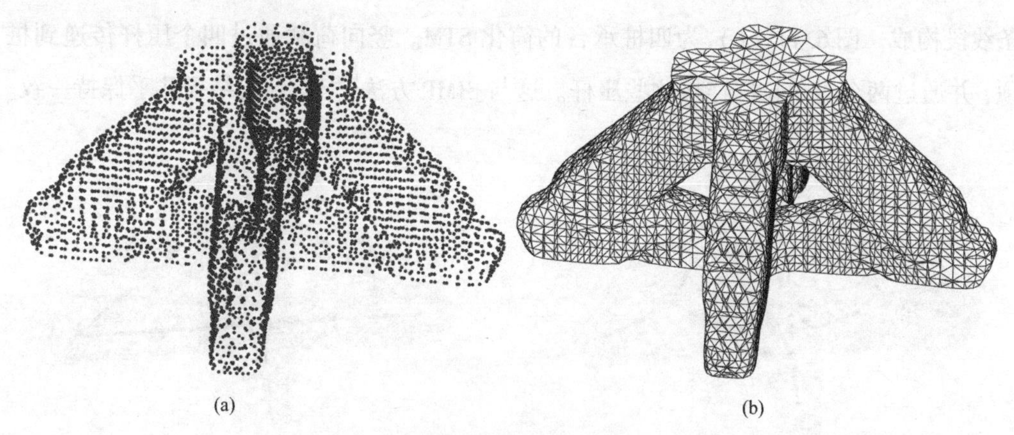

图6.9 四桩承台优化结构点云和三角网格

(a) 结构点云，(b) 结构三角网格

首先生成三角网格顶点的Voronoi图，并找到Voronoi极点。其次通过MCF逐步进行网格收缩，并不断更新拉普拉斯算子和权系数，直到网格的体积趋近于零。四桩承台优化结构的拉普拉斯提取过程见图6.10。在拉普拉斯提取过程中，网格沿曲率较大的方向收缩较快，沿曲率较小的方向收缩较慢。经过10次迭代后，形成由一维曲线和少量三维曲面构成的中间骨架（图6.10（c）），经过20次迭代后，形成由一维曲线和极少量二维平面构成的中间骨架。

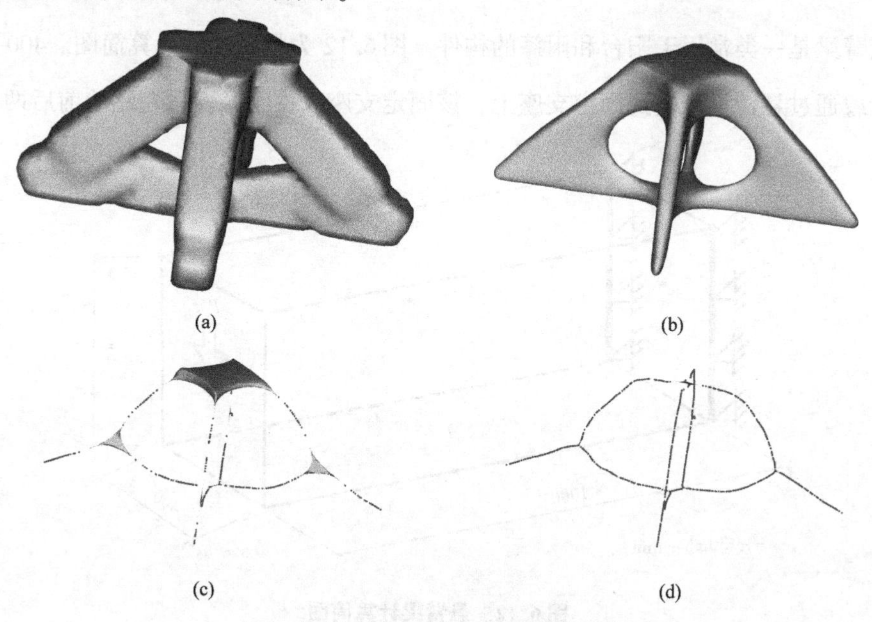

图6.10 四桩承台拉普拉斯提取过程

(a) 初始模型，(b) 第1次收缩，(c) 第10次收缩，(d) 第20次收缩

采用边坍缩形成最终的曲线骨架（图6.11（a））。该曲线骨架由740个端点和742条线段构成。图6.11（b）为四桩承台的简化STM。竖向荷载通过四个压杆传递到桩顶，并通过两个对角拉杆连接这些压杆。这与SIMP方法[247]得到的结果几乎保持一致。

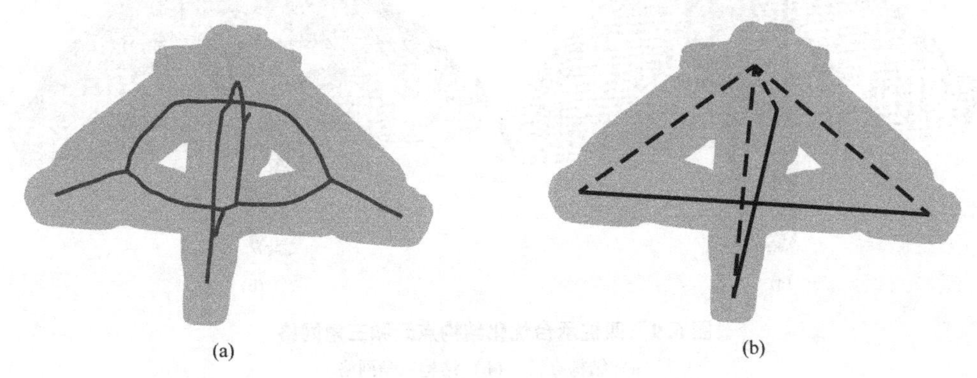

图6.11　四桩承台曲线骨架和STM

（a）曲线骨架，（b）STM

6.5.2　悬臂梁

1. 悬臂梁MMC拓扑优化

悬臂梁是一类常用于阳台和雨篷的构件。图6.12为悬臂梁的计算简图。400 kN的竖向荷载通过悬臂梁传递到固定支座上，该固定支座只位于悬臂梁左端的前后两侧。

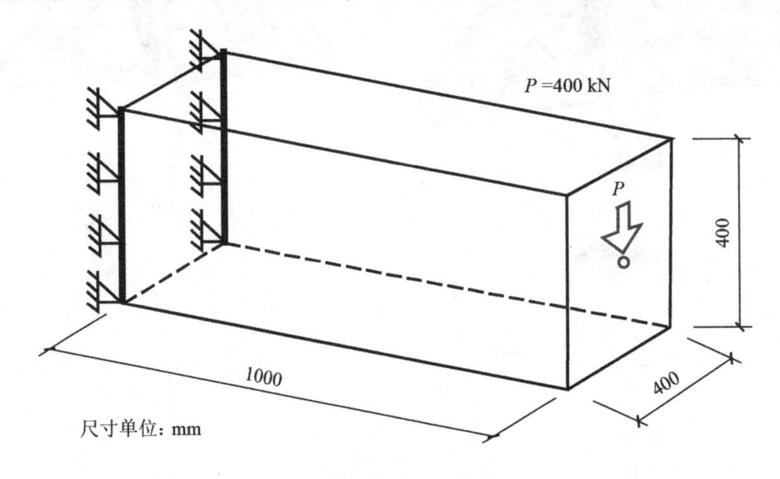

图6.12　悬臂梁计算简图

该梁采用 70 × 28 × 28 = 54 880 个单元进行有限元分析，容许体积比取 0.1。图 6.13（a）为由 80 个组件构成的悬臂梁初始拓扑。由于该拓扑并未包含荷载作用点，因此并未形成有效的荷载传递路径。在随后的迭代中，一些组件逐渐消失，一些组件有规律地重新排列，直到形成稳定的荷载传递路径。经过 34 次迭代后，该悬臂梁最终形成光滑的最优拓扑（图 6.13（d））。此时最小柔度目标函数值为 9.87 kJ。悬臂梁 MMC 拓扑优化过程见图 6.13。

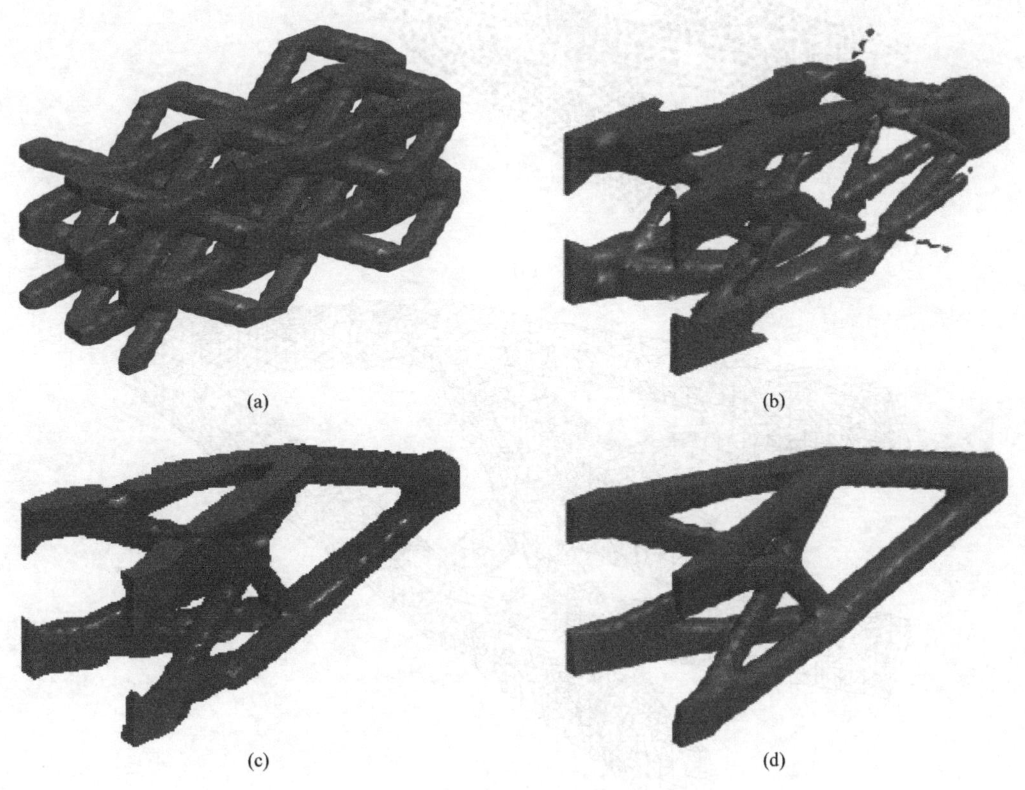

图 6.13　悬臂梁拓扑优化过程

（a）初始拓扑，（b）第 5 次迭代，（c）第 12 次迭代，（d）最优拓扑

2. 悬臂梁拉普拉斯提取法

由拓扑描述函数零水平集构成的点云，在悬臂梁优化结构与设计域上下表面和前后表面相交的部分未形成闭合。添加部分点后形成由 5 177 个点构成的完整点云（图 6.14（a））。采用 Crust 算法形成悬臂梁优化结构三角网格（图 6.14（b）），该三角网格由10 370个三角面片构成。

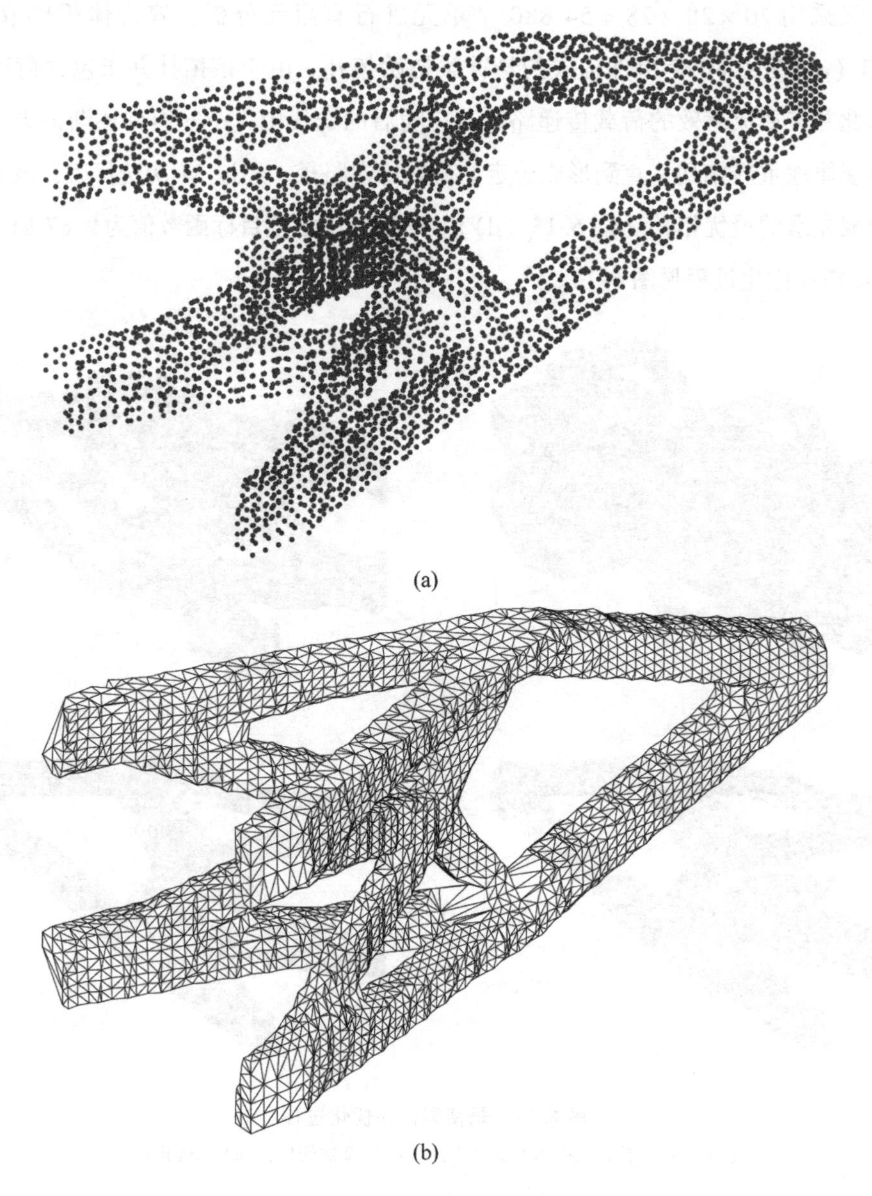

(a)

(b)

图 6.14 悬臂梁优化结构点云和三角网格

(a) 结构点云，(b) 结构三角网格

由平均曲率流的局部各向异性可知，平均曲率流更倾向于曲面在最大曲率的方向上收缩。对于矩形截面悬臂梁优化结构，除杆件相交的节点区外，杆件各截面快速地沿径向向中心收缩，在长度方向基本保持不变，而在杆件节点区则形成一个多杆件中心线相交的分支结点。悬臂梁拉普拉斯提取过程见图 6. 15。

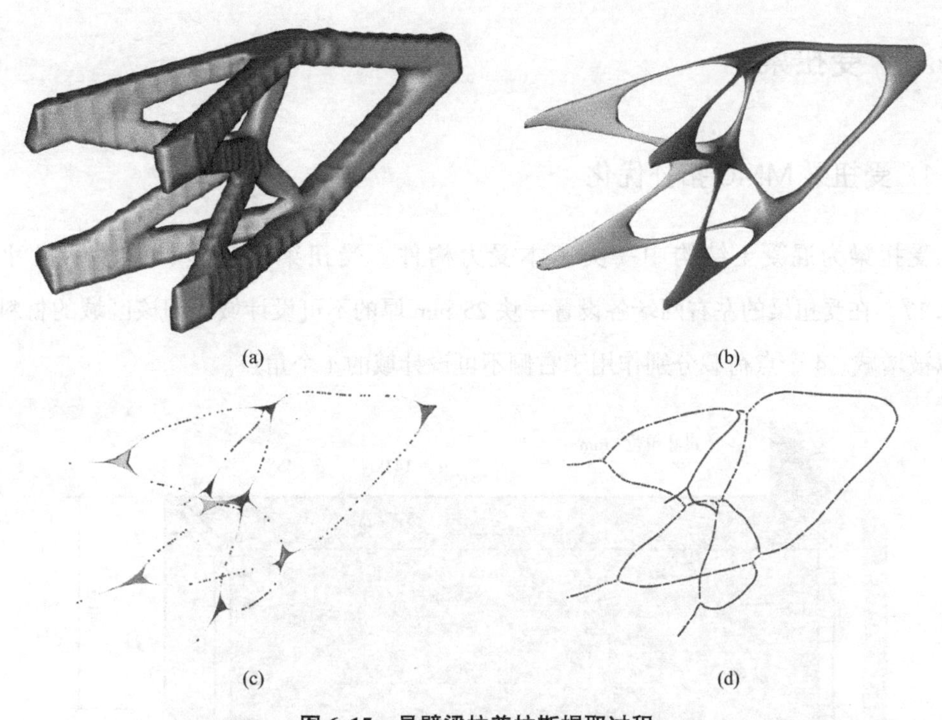

图 6.15　悬臂梁拉普拉斯提取过程

（a）初始模型，（b）第 1 次收缩，（c）第 4 次收缩，（d）第 12 次收缩

通过合理地控制收缩速率，并采用边坍缩算法，生成光滑性和中轴性兼顾的曲线骨架（图 6.16（a））。该曲线骨架由 931 个端点和 935 条线段组成。经简化，悬臂梁的 STM 见图 6.16（b）。由对称性可知，该荷载通过两榀桁架分别传递到两个固定支座上。而该桁架的拓扑结构与对应的平面悬臂梁问题保持一致。

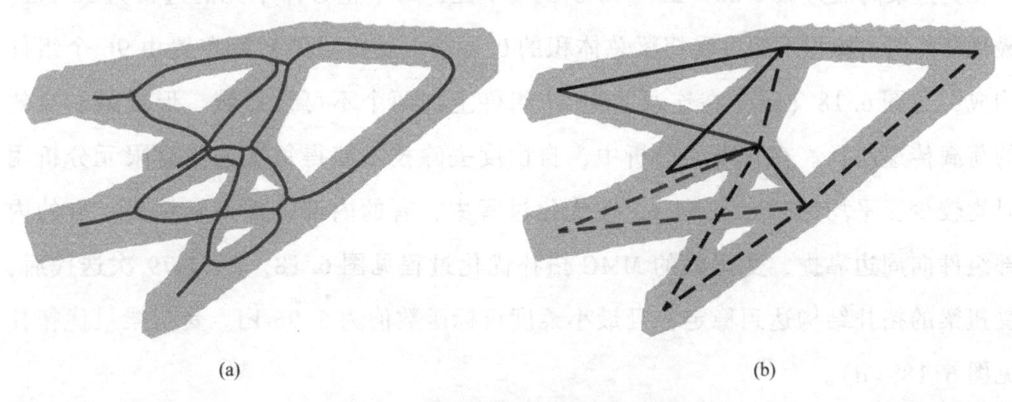

图 6.16　悬臂梁曲线骨架和 STM

（a）曲线骨架，（b）STM

6.5.3 受扭梁

1. 受扭梁 MMC 拓扑优化

受扭梁为混凝土结构中一类基本受力构件。受扭梁的支座、荷载和尺寸见图 6.17。在受扭梁的左右两端各设置一块 25 mm 厚的不可设计域，即该区域的材料不可以被增减。4 个点荷载分别作用于右侧不可设计域的 4 个角点。

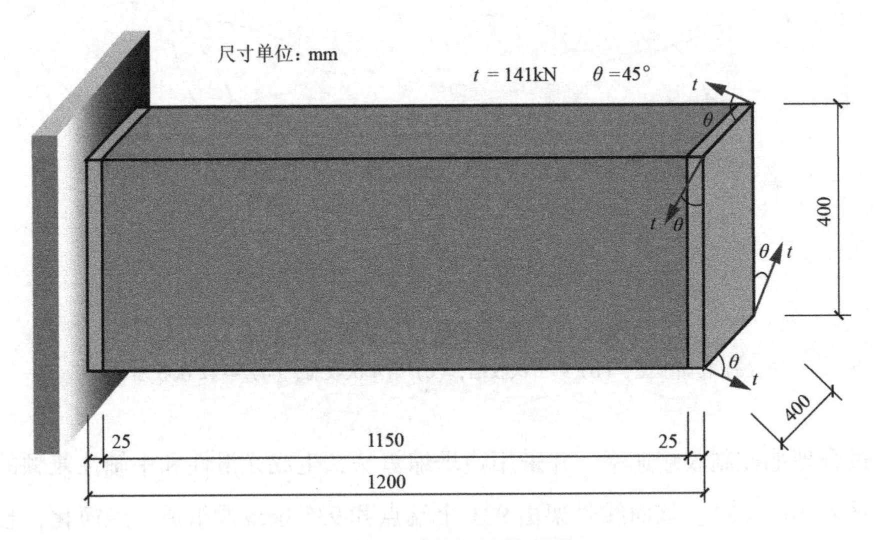

图 6.17 受扭梁计算简图

受扭梁离散为 75 × 25 × 25 = 46 875 个单元，每个正方体单元的边长为 16 mm。最优拓扑所占体积不超过受扭梁总体积的 0.2 倍。受扭梁的初始布置由 96 个组件构成，见图 6.18（a）。在连通的 96 个组件上加两个不可设计域，形成最初有效的荷载传递路径。在有限元分析中，自由度去除技术使得每次迭代有限元分析用时均较少，平均用时为 3.54 s。在优化过程中，有的内部组件逐渐消失，有的内部组件向周边靠拢，受扭梁的 MMC 拓扑优化过程见图 6.18。经过 79 次迭代后，受扭梁的拓扑结构达到稳定，且最小柔度目标函数值为 5.95 kJ。受扭梁最优拓扑见图 6.18（d）。

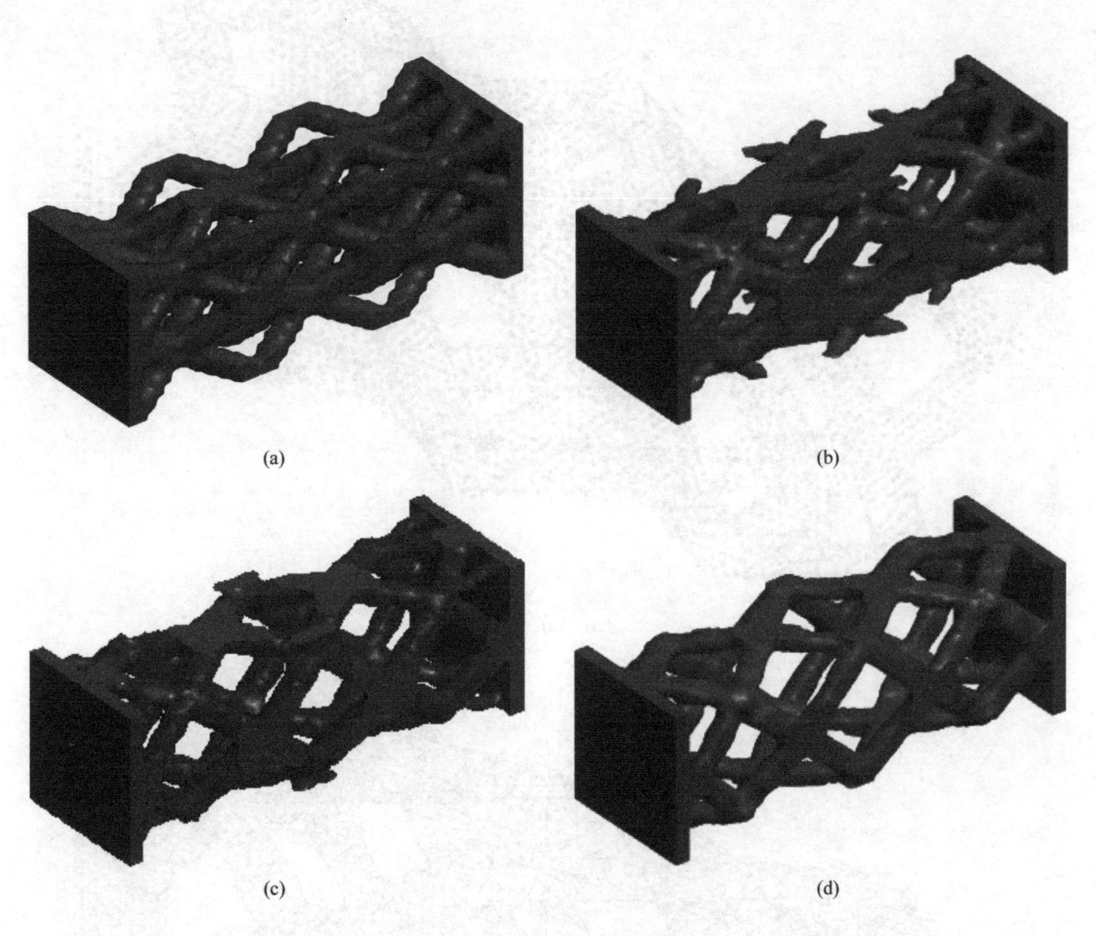

图 6.18　受扭梁拓扑优化过程

(a) 初始拓扑, (b) 第 4 次迭代, (c) 第 12 次迭代, (d) 最优拓扑

2. 受扭梁拉普拉斯提取法

由拓扑描述函数的零水平集形成的初始点云中，除去不可设计域部分的点，再加上与设计域相交区域的点，即可形成由 8 523 个点构成的受扭梁优化结构点云(图 6.19 (a))。由点云构建的三角网格见图 6.19 (b)，该三角网格由 17 126 个三角面片构成。

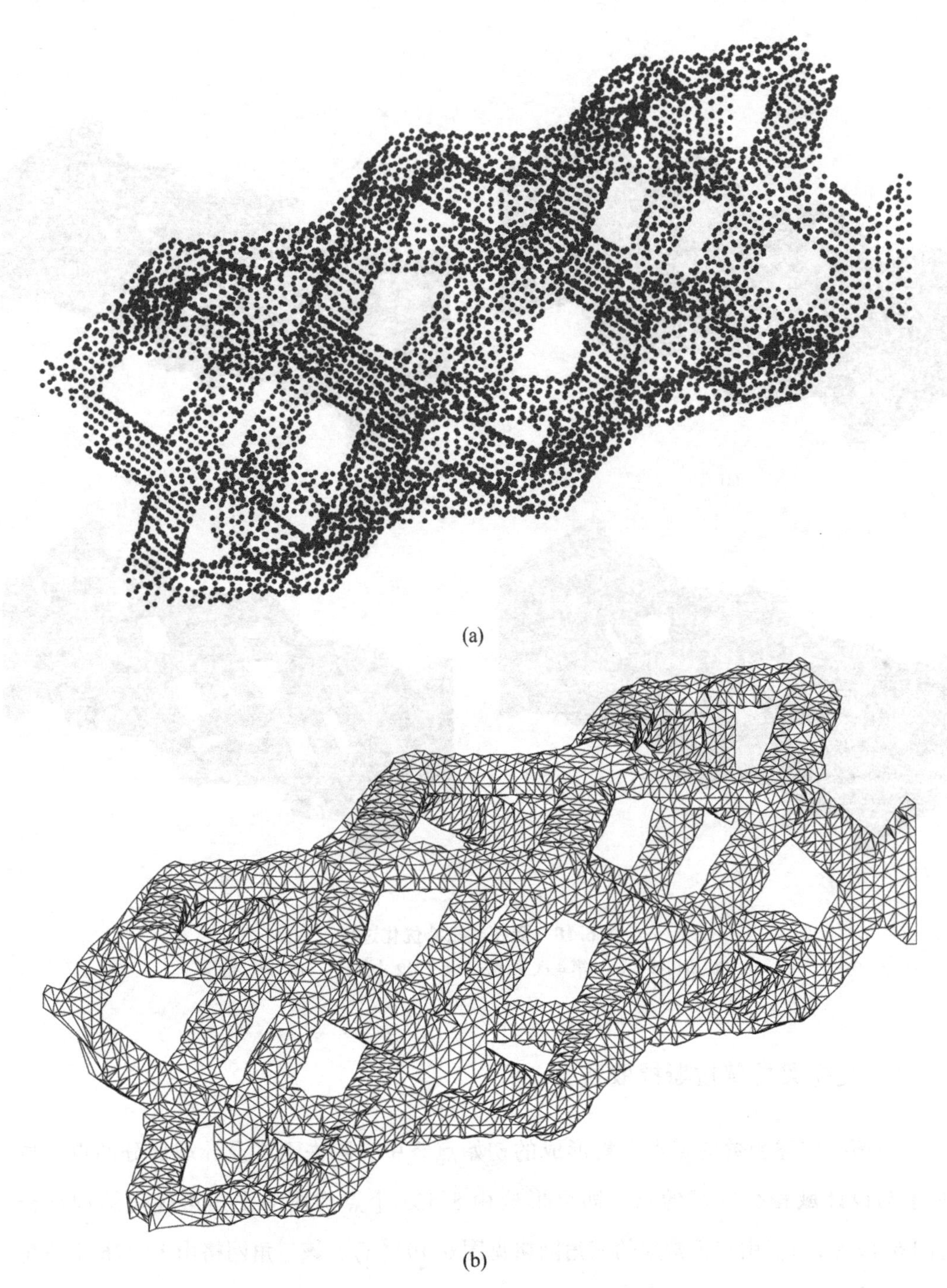

(a)

(b)

图 6.19　受扭梁优化结构点云和三角网格

(a) 结构点云, (b) 结构三角网格

对于较复杂的拓扑结构，基于平均曲率流的拉普拉斯提取法仍然给出了合理的曲线骨架。在收缩过程中，以点云的 Voronoi 极点为顶点约束，通过迭代求解拉普拉斯方

程来更新顶点位置和权系数。受扭梁拉普拉斯提取过程见图 6.20。在提取过程中，三维的初始模型逐渐演变为由一维曲线和少量三维曲面构成的中间骨架，最终演变为由一维曲线和极少二维平面构成的中间骨架。最后通过边坍缩算法，生成由 1 942 个端点和 1 962 条线段组成的骨架曲线（图 6.21（a））。该曲线骨架在设计域的上、下、前、后面的投影均近似为三个封闭的六边形。为了便于使用，经常采用简化后的受扭梁 STM（图 6.21（b）），右侧的扭矩分别通过 4 条受拉和 4 条受压荷载路径传递到左侧的固定端。

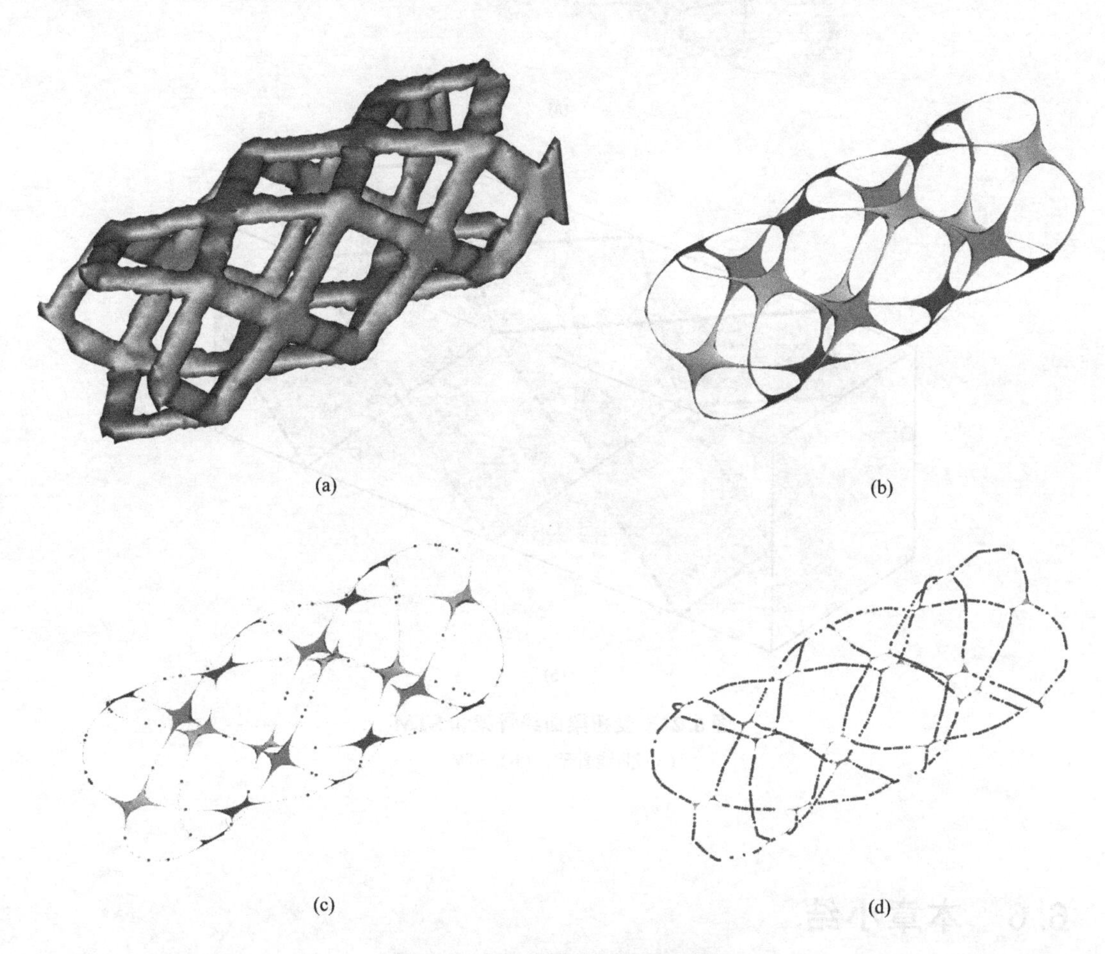

图 6.20　受扭梁拉普拉斯提取过程

（a）初始模型，（b）第 1 次收缩，（c）第 2 次收缩，（d）第 6 次收缩

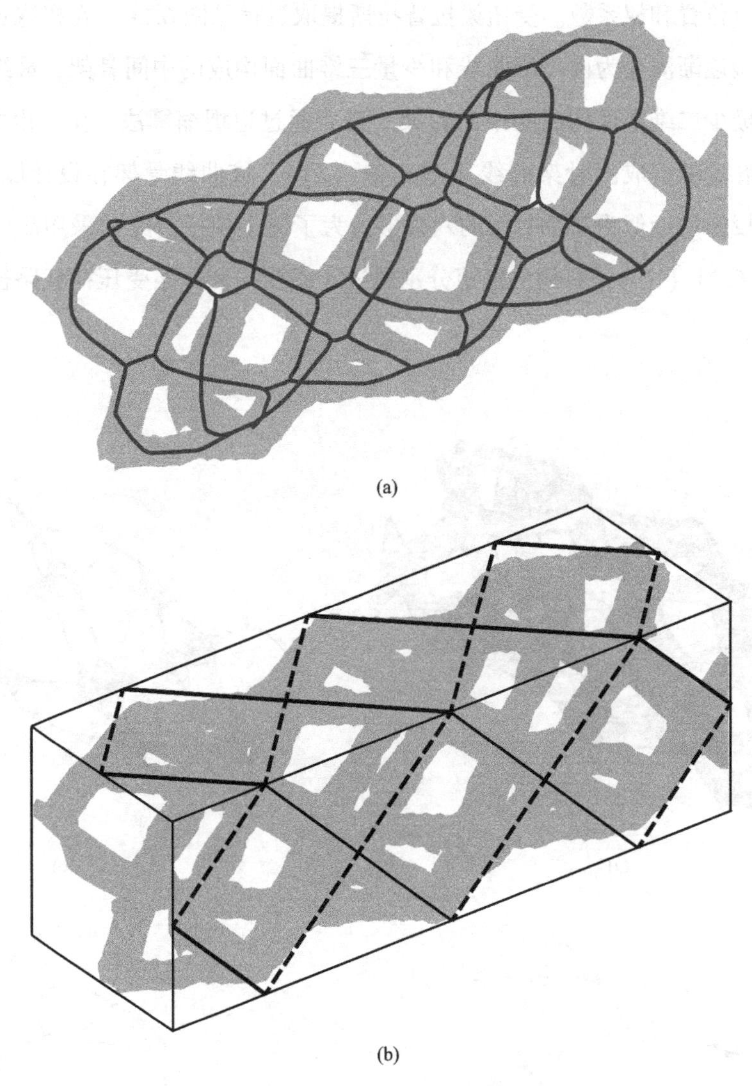

图 6.21　受扭梁曲线骨架和 STM

（a）曲线骨架，（b）STM

6.6　本章小结

本章研究了三维 STM 的拓扑优化构建，分析了三维拓扑优化中有限元和优化分析的效率，提出了三维优化结构的拉普拉斯曲线骨架提取法。

（1）在三维拓扑优化中，结点自由度去除技术提高了有限元分析效率，离散的组件提高了优化求解效率。

（2）平均曲率流加强了局部各向异性效应，使曲面在最大曲率的方向上收缩较快。

（3）基于 MCF 的拉普拉斯提取法从三维优化结构中提取了兼具光滑性和中轴性的曲线骨架。

第7章　总结与展望

7.1　总结

作为一种显式拓扑优化，基于可移动变形组件的拓扑优化方法实现了拓扑优化和CAD建模系统的统一。该方法以组件作为结构拓扑的基本元素，通过可自由移动和变形的组件实现结构的几何拓扑变化，具有边界光滑、设计变量少、无灰度单元等优点。将基于MMC的拓扑优化应用于STM研究，可以准确、高效且自动地构建合适的STM。

本书以MMC拓扑优化理论为基础，研究了MMC二维和三维拓扑优化的拉压杆模型构建，分析了支座约束和荷载条件对基于拓扑优化的STM的影响，研究了基于MMC拓扑优化的桥梁横断面设计，建立了基于拓扑优化的拉压杆模型自动提取体系和评价体系。本书的主要内容及结论如下。

（1）较系统地综述了拓扑优化、拉压杆模型、基于拓扑优化的拉压杆模型、拉压杆模型的自动提取方法的研究进展。

（2）阐述了可移动变形组件的拓扑优化方法，分析了最小柔度和最小体积拓扑优化问题的异同，分析了不同组件初始布置对最优拓扑的影响，研究了不同拓扑优化方法的计算效率，分析了优化过程中的主应力变化。数值算例表明，基于可移动变形组件的拓扑优化方法可以用来构建合理且可靠的拉压杆模型；对于单约束和单目标的拓扑优化问题，最小柔度和最小体积问题是等价的；最优拓扑不依赖初始组件布置，即不同初始组件布置会产生基本一致的最优拓扑；与固体各向同性材料惩罚方法相比，可移动变形组件的拓扑优化方法极大地减少了优化分析用时；优化过程中的主应力分析表明，最优拓扑使构件的配筋率达到最小。

（3）研究了多荷载工况下基于可移动变形组件拓扑优化方法，探讨了支座约束和荷载条件对拉压杆模型的影响，研究了桥梁横断面拓扑优化设计。数值算例表明，在单荷载工况下，拉压杆模型多为几何可变的不稳定结构；而在多荷载工况下，拉压杆模型为几何不变的稳定结构。支座约束程度和支座的对称性均会显著地影响构件中的荷载传递路径。通过数值模拟，证实了 Michell 桁架理论中关于拉杆和压杆垂直相交的合理性；推导了在单荷载工况下两端固定梁的拉压杆模型解析解，数值算例结果与该解析解基本吻合；证实了箱形截面梁桥的拓扑合理性，为箱内横隔板和检查用人孔提供设计建议；对于多荷载工况框架梁柱节点，MMC 方法比 SIMP 方法总用时减少了约 77%。

（4）建立了由骨架提取、框架提取和形状优化构成的 STM 自动提取体系，采用 Voronoi 提取法和细化提取法分别提取了 MMC 和 SIMP 优化结构的骨架，建立了从框架结构到桁架结构的形状优化。数值算例表明，STM 自动提取体系自动构建了受力合理且几何规则的 STM；Voronoi 提取法适用于显式特性的 MMC 优化结构，而细化提取法适用于基于像素的 SIMP 优化结构，且 Voronoi 提取法的计算效率更高。

（5）建立了由四个技术指标构成的拉压杆模型评价体系。数值算例表明，类桁架指标、拉应力相似指标、配筋率指标和效率指标分别从结构类型、应力相似、经济性和效率四个方面实现了对不同拉压杆模型进行的定量比较；与次优结构相比，最优结构在拉应力相似性和配筋率方面更具有优势；与 SIMP 方法相比，基于 MMC 拓扑优化的拉压杆模型在计算效率方面具有明显的优势。

（6）研究了基于可移动变形组件的三维拓扑优化方法，研究了三维拓扑优化中结点自由度去除方法，分析了三维拓扑优化的计算效率，研究了三维优化结构的曲线骨架提取。数值算例表明，MMC 三维拓扑优化可以高效地构建三维构件的 STM，准确反映三维构件的荷载传递路径；自由度去除技术提高了有限元分析的效率，离散的组件提高了三维拓扑优化计算效率，解决了三维拓扑优化中“维度灾难”问题；平均曲率流加强了形状的局部各向异性效应，倾向于曲面在最大曲率的方向上收缩；拉普拉斯提取法从三维优化结构中提取了兼具光滑性和中轴性的曲线骨架。

7.2　展望

本书对基于 MMC 拓扑优化的 STM 进行了研究，取得了一定的成果。由于时间及笔者能力有限，仍有不少工作可以进一步研究。

（1）随着基于 MMC 拓扑优化的不断发展，可以开展板、壳和薄壁结构的基于拓扑优化的拉压杆模型研究。

（2）建立考虑拉压杆模型约束的拓扑优化，形成统一且实用的拉压杆模型构建方法。

（3）本书仅对基于拓扑优化的 STM 进行了数值模拟，并未进行后续的详细设计。在 STM 的基础上，可以进行构件配筋设计，并开展相应的试验研究。

（4）对现有的计算机辅助拉压杆模型设计软件进行总结，开发一套基于拓扑优化的拉压杆模型辅助设计软件。

（5）考虑材料和荷载的不确定性，开展考虑可靠度的基于拓扑优化的拉压杆模型研究。

参考文献

[1] BOYD S, VANDENBERGHE L. Convex optimization [M]. Cambridge: Cambridge University Press, 2004.

[2] 李芳，凌道盛．工程结构优化设计发展综述 [J]. 工程设计学报机械设备和仪器的开发技术，2002，9（5）：229－235.

[3] 蔡新，李洪煊，武颖利，等．工程结构优化设计研究进展 [J]. 河海大学学报（自然科学版），2011，39（3）：269－276.

[4] 杜建镔．结构优化及其在振动和声学设计中的应用 [M]. 北京：清华大学出版社，2015.

[5] 巴尔佳斯基，叶卡列莫维奇．拓扑学奇趣 [M]. 裘光明，译．北京：北京大学出版社，1987.

[6] MAXWELL J C. The scientific papers of James Clerk Maxwell [M]. NewYork: Cambridge University Press, 1890.

[7] MICHELL A G M. The limits of economy of material in framestructures [J]. Philosophical Magazine, 1904, 8(47): 589－597.

[8] ROZVANY G I N. Optimal layout of grillages: Anowance for the cost of supports and optimization of support Locations [J]. Journal of Structural Mechanics, 1994, 22(1): 49－72.

[9] PRAGER W, ROZVANY G I N. Optimization of the structural geometry [J]. Dynamical Systems, 1977: 265－293.

[10] SAVE M, PRAGER W. Structural optimization [M]. New York: Plenum Press, 1985.

[11] DORN W S, GOMORY R E, GREENBERG H J. Automatic design of optimal structures [J]. Joumal de Méchanique, 1964, 3(1):25 -52.

[12] KUMAR P. Optimal force transmission in reinforced concrete deep beams [J]. Computers & Structures, 1978, 8(2):223 -229.

[13] ALI M A. Automatic generation of truss models for the optimal design of reinforced concrete structures [D]. New York: Cornell University, 1997.

[14] ALI M A, WHITE R N. Automatic generation of truss model for optimal design of reinforced concrete structures [J]. ACI Structural Journal, 2001, 98(4):431 -442.

[15] BIONDINI F, BONTEMPI F, MALERBA P G. Stress path adapting Strut-and-Tie models in cracked and uncracked R. C. elements [J]. Structural Engineering and Mechanics, 2001, 12(6):685 -698.

[16] SOKÓŁ T. A 99 line code for discretized Michell truss optimization written in Mathematica [J]. Structural and Multidisciplinary Optimization, 2010, 43(2):181 -190.

[17] ZEGARD T, PAULINO G H. GRAND 3—Ground structure based topology optimization for arbitrary 3D domains using MATLAB [J]. Structural & Multidisciplinary Optimization, 2014, 52(6):1161 -1184.

[18] TALISCHI C, PAULINO G H, PEREIRA A, et al. PolyMesher: a general-purpose mesh generator for polygonal elements written in Matlab [J]. Structural and Multidisciplinary Optimization, 2012, 45(3):309 -328.

[19] TOPPING B H V. Shape optimization of skeletal structures: A review [J]. Journal of Structural Engineering, 1983, 109(8):1933 -1951.

[20] BENDSØE M P, BEN-TAL A, ZOWE J. Optimization methods for truss geometry and topology design [J]. Structural and Multidisciplinary Optimization, 1994, 7(3): 141 -159.

[21] BENDSØE M P. Optimization of structural topology, shape and material [M]. Berlin: Springer, 1995.

[22] TEJANI G G, SAVSANI V, BUREERAT S. Truss topology optimization: A review [M]. Mauritius: Scholar's Press, 2018.

[23] CHENG K T, OLHOFF N. An investigation concerning optimal design of solid elastic plates [J]. International Journal of Solids & Structures, 1981, 17(3):305 -323.

［24］ CHENG KT, OLHOFF N. Regularized formulation for optimal design of axisymmetric plates ［J］. International Journal of Solids and Structures, 1982, 18(2):153 – 169.

［25］ ROZVANY G I N. Aims, scope, methods, history and unified terminology of computer-aided topology optimization in structural mechanics ［J］. Structural and Multidisciplinary Optimization, 2001, 21(2): 90 – 108.

［26］ ESCHENAUER H A, OLHOFF N. Topology optimization of continuum structures: a review ［J］. Applied Mechanics Reviews, 2001, 54(4):1453 – 1457.

［27］ 周克民，李俊峰，李霞．结构拓扑优化研究方法综述 ［J］. 力学进展，2005，35（1）：69 – 76.

［28］ ROZVANY G I N. A critical review of established methods of structural topology optimization ［J］. Structural and Multidisciplinary Optimization, 2009, 37(3):217 – 237.

［29］ GUO X, CHENG G D. Recent development in structural design and optimization ［J］. Acta Mechanica Sinica, 2010, 26(6):807 – 823.

［30］ SIGMUND O, MAUTE K. Topology optimization approaches: a comparative review ［J］. Structural and Multidisciplinary Optimization, 2013, 48(6):1031 – 1055.

［31］ DEATON J D, GRANDHI R V. A survey of structural and multidisciplinary continuum topology optimization: post 2000 ［J］. Structural and Multidisciplinary Optimization, 2014, 49(1):1 – 38.

［32］ GAO J, XIAO M, ZHANG Y, et al. A comprehensive review of isogeometric topology optimization: methods, applications and prospects ［J］. Chinese Journal of Mechanical Engineering, 2020, 33(6):24 – 37.

［33］ ZHU B L, ZHANG X M, ZHANG H C, et al. Design of compliant mechanisms using continuum topology optimization: A review ［J］. Mechanism and Machine Theory, 2020 (143):103622.

［34］ WU J, SIGMUND O, GROEN J P. Topology optimization of multi-scale structures: a review ［J］. Structural and Multidisciplinary Optimization, 2021, 63(3):1455 – 1480.

［35］ BENSOUSSAN A, LIONS J-L, PAPANICOLAOU G. Asymptotic analysis for periodic structures ［M］. Rkode Island: AMS Chelsea Publishing, 1978.

［36］ SANCHEZ-PALENCIA E. Non-homogeneous media and vibration theory ［M］. Berlin: Springer-Verlag, 1980.

[37] BENDSØE M P, KIKUCHI N. Generating optimal topologies in structural design using a homogenization method [J]. Computer Methods in Applied Mechanics and Engineering, 1988, 71(2):197 -224.

[38] HASSANI B, HINTON E. Homogenization and structural topology optimization: theory, practice and software [M]. London: Springer, 1999.

[39] BENDSØE M P, DÍAZ A, KIKUCHI N. Topology and generalized layout optimization of elastic structures [J]. Springer Hetherlands, 1993: 159 -205.

[40] HASSANI B, HINTON E. A review of homogenization and topology optimization I-homogenization theory for media with periodic [J]. Computers & Structures, 1998, 69(6): 707 -717.

[41] HASSANI B, HINTON E. A review of homogenization and topology opimization II-analytical and numerical solution of homogenization equations [J]. Computers & Structures, 1998, 69(6):719 -738.

[42] HASSANI B, HINTON E. A review of homogenization and topology optimization III-topology op-timization using optimality criteria [J]. Computers & Structures, 1998, 69 (6):739 -756.

[43] GROEN J P, SIGMUND O. Homogenization-based topology optimization for high-resolution manufacturable microstructures [J]. International Journal for Numerical Methods in Engineering, 2018, 113(8):1148 -1163.

[44] ALLAIRE G, GEOFFROY-DONDERS P, PANTZ O. Topology optimization of modulated and oriented periodic microstructures by the homogenization method [J]. Computers & Mathematics with Applications, 2019, 78(7):2197 -2229.

[45] GROEN J P, WU J, SIGMUND O. Homogenization-based stiffness optimization and projection of 2D coated structures with orthotropic infill [J]. Computer Methods in Applied Mechanics and Engineering, 2019, 349(1):722 -742.

[46] TRÄFF E, SIGMUND O, GROEN J P. Simple single-scale microstructures based on optimal rank-3 laminates [J]. Structural and Multidisciplinary Optimization, 2019, 59 (4):1021 -1031.

[47] GEOFFROY-DONDERS P, ALLAIRE G, PANTZ O. 3-d topology optimization of modulated and oriented periodic microstructures by the homogenization method [J]. Journal

of Computational Physics, 2020(401):108994.

[48] GROEN J P, STUTZ F C, AAGE N, et al. De-homogenization of optimal multi-scale 3D topologies [J]. Computer Methods in Applied Mechanics and Engineering, 2020(364):112979.

[49] WU J, WANG W M, GAO X F. Design and optimization of conforming lattice structures [J]. IEEE Transactions on Visualization and Computer Graphics, 2021, 27(1):43 -56.

[50] PETERSSON J, SIGMUND O. Slope constrained topology optimization [J]. International Journal for Numerical Methods in Engineering, 1998, 41(8):1417 -1434.

[51] GROENWOLD A A, ETMAN L F P. A quadratic approximation for structural topology optimization [J]. International Journal for Numerical Methods in Engineering, 2010, 82(4):505 -524.

[52] LIU K, TOVAR A. An efficient 3D topology optimization code written in Matlab [J]. Structural and Multidisciplinary Optimization, 2014, 50(6):1175 -1196.

[53] BENDSØE M P. Optimal shape design as a material distribution problem [J]. Structural and Multi-disciplinary Optimization, 1989, 1(4):193 -202.

[54] ROZVANY G I N, ZHOU M, BIRKER T. Generalized shape optimization without homogenization [J]. Structural and Multidisciplinary Optimization, 1992, 4(3):250 -252.

[55] BENDSØE M P, SIGMUND O. Material interpolation schemes in topology optimization [J]. Archive of Applied Mechanics, 1999, 69(9):635 -654.

[56] SIGMUND O. A 99 line topology optimization code written in Matlab [J]. Structural and Multidisciplinary Optimization, 2001, 21(2):120 -127.

[57] BENDSØE M P, SIGMUND O. Topology Optimization: theory, methods, and applications [M]. 2nd ed. Berlin: Springer, 2004.

[58] BENDSØE M P, LUND E, OLHOFF N, et al. Topology optimization-broadening the areas of application [J]. Control and Cybernetics, 2005, 34(1):7 -35.

[59] SIGMUND O. Morphology-based black and white filters for topology optimization [J]. Structural and Multidisciplinary Optimization, 2007, 33(4/5):401 -424.

[60] ANDREASSEN E, CLAUSEN A, SCHEVENELS M, et al. Efficient topology optimization in MATLAB using 88 lines of code [J]. Structural and Multidisciplinary Optimiza-

tion, 2010, 43(1):1 -16.

[61] FERRARI F, SIGMUND O. A new generation 99 line Matlab code for compliance topology optimization and its extension to 3D [J]. Structural and Multidisciplinary Optimization, 2020, 62(4): 2211 -2228.

[62] SIGMUND O, PETERSSON J. Numerical instabilities in topology optimization: A survey on procedures dealing with checkerboards, mesh-dependencies and local minima [J]. Structural and Multidis-ciplinary Optimization, 1998, 16(1):68 -75.

[63] XIE Y M, STEVEN G P. A simple evolutionary procedure for structural optimization [J]. Computers & Structures, 1993, 49(5):885 -896.

[64] QUERIN O M, STEVEN G P, XIE Y M. Evolutionary structural optimisation using an additive algorithm [J]. Finite Elements in Analysis and Design, 2000, 34(3/4):291 - 308.

[65] QUERIN O M, STEVEN G P. Evolutionary structural optimisation(ESO) using a bidirectional algorithm [J]. Engineering Computations, 1998, 15(8):1031 -1048.

[66] QUERIN O M, YOUNG V, STEVEN G P, et al. Computational efficiency and validation of bi-directional evolutionary structural optimisation [J]. Computer Methods in Applied Mechanics and Engineering, 2000, 189(2):559 -573.

[67] 荣见华，姜节胜，胡德文，等. 基于应力及其灵敏度的结构拓扑渐进优化方法 [J]. 力学学报，2003, 35 (5): 584 -591.

[68] 荣见华，姜节胜，徐飞鸿，等. 一种基于应力的双方向结构拓扑优化算法 [J]. 计算力学学报，2004，21 (3): 322 -329.

[69] 荣见华，姜节胜，颜东煌，等. 基于人工材料的结构拓扑渐进优化设计 [J]. 工程力学，2004，21 (5): 64 -71.

[70] HUANG X, XIE Y M. Convergent and mesh-independent solutions for the bi-directional evolutionary structural optimization method [J]. Finite Elements in Analysis and Design, 2007, 43(14): 1039 -1049.

[71] LIANG Q Q, XIE Y M, STEVEN G P. A performance index for topology and shape optimization of plate bending problems with displacement constraints [J]. Structural and Multidisciplinary Optimiza-tion, 2001, 21(5):393 -399.

[72] LIANG Q Q, XIE Y M, STEVEN G P. Optimal topology selection of continuum

structures with displacement constraints [J]. Computers & Structures, 2000, 77(6): 635 - 644.

[73] 易伟建，刘霞．遗传演化结构优化算法 [J]. 工程力学，2004 (3): 66 - 71.

[74] 刘霞．结构优化设计的遗传演化算法研究 [D]. 长沙：湖南大学，2007.

[75] LIU X, YI W J, LI Q S, et al. Genetic evolutionary structural optimization [J]. Journal of Constructional Steel Research, 2008, 64(3): 305 - 311.

[76] 刘霞，易伟建，沈蒲生．钢筋混凝土深梁的拓扑优化模型 [J]. 工程力学，2006 (9): 93 - 97.

[77] LIU X, YI W J. Michell-like 2D layouts generated by genetic ESO [J]. Structural and Multidisciplinary Optimization, 2010, 42(1): 111 - 123.

[78] SIMONETTI H L, ALMEIDA V S, DE OLIVEIRA NETO L. A smooth evolutionary structural optimization procedure applied to plane stress problem [J]. Engineering Structures, 2014(75): 248 - 258.

[79] 王磊佳，张鹄志，祝明桥．加窗渐进结构优化算法 [J]. 应用力学学报，2018, 35 (5): 1037 - 1044, 1185.

[80] TANG Y L, DONG G Y, ZHOU Q X, et al. Lattice structure design and optimization with additive manufacturing constraints [J]. IEEE Transactions on Automation Science and Engineering, 2018, 15(4): 1546 - 1562.

[81] LIANG Q Q. Performance-based optimization: a review [J]. Advances in Structural Engineering, 2007, 10(6): 739 - 753.

[82] XIA L, XIA Q, HUANG X D, et al. Bi-directional evolutionary structural optimization on advanced structures and materials: a comprehensive review [J]. Archives of Computational Methods in Engineering, 2018, 25(2): 437 - 478.

[83] XIE Y M, STEVEN G P. Evolutionary structural optimization [M]. London: Springer, 1997.

[84] LIANG Q Q. Performance-based optimization of structures: theory and applications [M]. London: Spon Press, 2005.

[85] HUANG X, XIE Y M. Evolutionary topology optimization of continuum structures: methods and applications [M]. United Kingdom: John Wiley, 2010.

[86] OSHER S, SETHIAN J A. Fronts propagating with curvature-dependent speed: algorithms based on Hamilton-Jacobi formulations [J]. Journal of Computational Physics, 1988, 79(1): 12 - 49.

[87] SETHIAN J A. Level set methods and fast marching methods: evolving interfaces in computational geometry, fluid mechanics, computer vision, and materials science [M]. Cambridge: Cambridge University Press, 1999.

[88] WANG M Y, WANG X M, GUO D M. A level set method for structural topology optimization [J]. Computer Methods in Applied Mechanics and Engineering, 2003, 192(1/2): 227 - 246.

[89] ALLAIRE G, JOUVEF, TOADER A M. Structural optimization using sensitivity analysis and a level-set method [J]. Journal of Computational Physics, 2004, 194(1): 363 - 393.

[90] WANG M Y, WANG X M. "Color" level sets: a multi-phase method for structural topology optimization with multiple materials [J]. Computer Methods in Applied Mechanics and Engineering, 2004, 193(6/8): 469 - 496.

[91] WANG S Y, WANG M Y. Radial basis functions and level set method for structural topology optimization [J]. International Journal for Numerical Methods in Engineering, 2006, 65(12): 2060 - 2090.

[92] LUO Z, TONG L Y, WANG M Y, et al. Shape and topology optimization of compliant mechanisms using a parameterization level set method [J]. Journal of Computational Physics, 2007, 227(1): 680 - 705.

[93] CHALLIS V J. A discrete level-set topology optimization code written in Matlab [J]. Structural and Multidisciplinary Optimization, 2010, 41(3): 453 - 464.

[94] GUO X, ZHANG W S, WANG M Y, et al. Stress-related topology optimization via level set approach [J]. Computer Methods in Applied Mechanics and Engineering, 2011, 200(47/48): 3439 - 3452.

[95] JAHANGIRY H A, TAVAKKOLI S M. An isogeometrical approach to structural level set topology optimization [J]. Computer Methods in Applied Mechanics and Engineering, 2017(319): 240 - 257.

[96] KAMBAMPATI S, GRAY J S, KIM H A. Level set topology optimization of struc-

tures under stress and temperature constraints [J]. Computers & Structures, 2020(235): 106265.

[97] DIJK N P, MAUTE K, LANGELAAR M, et al. Level-set methods for structural topology optimization: a review [J]. Structural and Multidisciplinary Optimization, 2013, 48(3):437 -472.

[98] GAIN A L, PAULINO G H. A critical comparative assessment of differential equation-driven methods for structural topology optimization [J]. Structural and Multidisciplinary Optimization, 2013, 48(4): 685 -710.

[99] GUO X, ZHANG W S, ZHONG W L. Doing topology optimization explicitly and geometrically-a new moving morphable components based framework [J]. Journal of Applied Mechanics, 2014, 81(8):081009.

[100] ZHANG W S, YANG W Y, ZHOU J H, et al. Structural topology optimization through explicit boundary evolution [J]. Journal of Applied Mechanics, 2017, 84(1): 011011.

[101] ZHANG W S, YUAN J, ZHANG J, et al. A new topology optimization approach based on Moving Morphable Components(MMC) and the ersatz material model [J]. Structural and Multidisciplinary Optimization, 2016, 53(6):1243 -1260.

[102] 张健．基于可移动变形组件法的结构拓扑优化研究 [D]. 大连：大连理工大学, 2016.

[103] 袁杰．基于移动可变形组件框架的拓扑优化方法 [D]. 大连：大连理工大学, 2016.

[104] 王冲．基于可移动变形组件法的结构多尺度优化研究 [D]. 大连：大连理工大学, 2018.

[105] HOU W B, GAI Y D, ZHU X F, et al. Explicit isogeometric topology optimization using moving morphable components [J]. Computer Methods in Applied Mechanics and Engineering, 2017(326): 694 -712.

[106] XIE X D, WANG S T, XU M M, et al. A new isogeometric topology optimization using moving morphable components based on R-functions and collocation schemes [J]. Computer Methods in Applied Mechanics and Engineering, 2018(339):61 -90.

[107] LIU C, ZHU Y C, SUN Z, et al. An efficient moving morphable component

(MMC)-based approach for multiresolution topology optimization [J]. Structural and Multidisciplinary Optimization, 2018, 58(6):2455-2479.

[108] ZHANG W S, SONG J F, ZHOU J H, et al. Topology optimization with multiple materials via moving morphable component (MMC) method [J]. International Journal for Numerical Methods in Engineering, 2018, 113(11):1653-1675.

[109] ZHANG W S, LI D, ZHOU J H, et al. A Moving Morphable Void(MMV)-based explicit approach for topology optimization considering stress constraints [J]. Computer Methods in Applied Mechanics and Engineering, 2018(334):381-413.

[110] ZHANG W S, LIU Y, DU Z L, et al. A moving morphable componentbased topology optimization approach for rib-stiffened structures considering buckling constraints [J]. Journal of Mechanical Design, 2018, 140(11):111404.

[111] WANG R X, ZHANG X M, ZHU B L. Imposing minimum length scale in moving morphable component(MMC)-based topology optimization using an effective connection status (ECS) control method [J]. Computer Methods in Applied Mechanics and Engineering, 2019 (351):667-693.

[112] LEI X, LIU C, DU Z L, et al. Machine learning-driven real-time topology optimization under moving morphable component(MMC)-based framework [J]. Journal of Applied Mechanics, 2019, 86(1):011004.

[113] GAI Y D, ZHU X F, ZHANG Y J, et al. Explicit isogeometric topology optimization based on moving morphable voids with closed B-spline boundary curves [J]. Structural and Multidisciplinary Optimization, 2019, 61(3):963-982.

[114] 苏伟贺. 基于移动可变形组件方法的薄壁截面拓扑优化设计 [D]. 长春:吉林大学, 2020.

[115] BAI J T, ZUO W J. Hollow structural design in topology optimization via moving morphable component method [J]. Structural and Multidisciplinary Optimization, 2020, 61 (1):187-205.

[116] YANG H, HUANG J Y. An explicit structural topology optimization method based on the descriptions of areas [J]. Structural and Multidisciplinary Optimization, 2020, 61 (3):1123-1156.

[117] ZHANG W S, LI D D, KANG P, et al. Explicit topology optimization using IGA-

based moving morphable void(MMV) approach [J]. Computer Methods in Applied Mechanics and Engineering, 2020(360):112685.

[118] ZHANG W S, XIAO Z, LIU C, et al. A scaled boundary finite element based explicit topology optimization approach for three-dimensional structures [J]. International Journal for Numerical Methods in Engineering, 2020, 121(21):4878 -4900.

[119] DRUCKER D C, PRAGER W, GREENBERG H J. Extended limit design theorems for continuous media [J]. Quarterly of Applied Mathematics, 1952, 9(4):381 -389.

[120] GVOZDEV A A. The determination of the value of the collapse load for statically indeterminate systems undergoing plastic deformation [J]. International Journal of Mechanical Sciences, 1960, 1(4): 322 -335.

[121] DRUCKER D C. On structural concrete and the theorems of limit analysis [J]. IABSE Publication, 1961(21):49 -59.

[122] YU M H, MA G W, LI J C. Structural plasticity: limit, shakedown and dynamic plastic analyses of structures [M]. Berlin: Springer, 2009.

[123] NIELSEN M P, HOANG L C. Limit analysis and concrete plasticity [M]. 3rd ed. Boca Raton, FL: CRC Press, 2011.

[124] EL-METWALLY S E, CHEN W F. Structural concrete: strut-and-tie models for unified design [M]. Boca Raton, FL: CRC Press, 2017.

[125] RITTER W. Die bauweise henebique [J]. Schweizerische Bauzeitung, 1899, 33(7):59 -61.

[126] MORSCH E, GOODRICH E P. Concrete-steel construction [M]. White fish: Kessinger Publishing, 2010.

[127] MARTÍ P. Basic tools of reinforced concrete beam design [J]. ACI Structural Journal, 1985, 82(1): 46 -56.

[128] SCHLAICH J, SCHAFER K, JENNEWEIN M. Toward a consistent design of structural concrete [J]. PCI Journal, 1987, 32(3):75 -150.

[129] BS 8110. Structural use of concrete-Part 1: Code of practice for design and construction [S]. London: British Standard, 1997.

[130] AASHTO. LRFD Bridge design specifications [S]. Washington: American Association of State High-way and Transportation Officials, 2017.

[131] ACI. Building code requirements for structural concrete(ACI 318 – 19) and commentary(ACI 318R – 19)[S]. MI: Farmington Hills, 2019.

[132] CEN. Eurocode 2: Design of concrete structures-Part 1-1: General rules and rules for buildings: EN1992-1-1 [S]. Brussels: European Committee for Standardization, 2004.

[133] FIB. fib model code for concrete structures 2010 [S]. Berlin: Wilhelm Ernst & Sohn, 2013.

[134] 中华人民共和国交通运输部. 公路钢筋混凝土及预应力混凝土桥涵设计规范: JTG 3362—2018 [S]. 北京: 中国标准出版社, 2018.

[135] AS3600. Concrete structures [S]. Sydney: Standard Australia Limited, 2018.

[136] CSA. Design of concrete structures [S]. Rexdale: Canadian Standards Association, 2004.

[137] 中华人民共和国住房和城乡建设部. 混凝土结构设计规范: GB/T 50010—2010 (2015 年版) [S]. 北京: 中国建筑工业出版社, 2016.

[138] ASCE-ACI Committee 455 . Recent approaches to shear design of structural concrete [J]. Journal of Structural Engineering, 1998, 124(12): 1375 – 1417.

[139] SCHLAICH J, SCHÄFER K. Design and detailing of structural concrete using strut-and-tie models [J]. The Structural Engineer, 1991, 69(6): 113 – 125.

[140] VOLLUM R L, NEWMAN J B. Strut and tie models for analysis/design of external beamcolumn joints [J]. Magazine of Concrete Research, 2001, 53(1): 33 – 66.

[141] TAN K H, TONG K, TANG C Y. Consistent strut-and-tie modelling of deep beams with web openings [J]. Magazine of Concrete Research, 2003, 55(1): 65 – 75.

[142] PALMISANO F, VITONE A, VITONE C. A first approach to optimum design of cable-supported bridges using load path method [J]. Structural Engineering International, 2008, 18(4): 412 – 420.

[143] MEZZINA M, PALMISANO F, RAFFAELE D. Designing simply supported R. C. bridge decks sub-jected to in-plane actions: strut-and-tie model approach [J]. Journal of Earthquake Engineering, 2012, 16(4): 496 – 514.

[144] HE Z Q, LIU Z, WANG J Q, et al. Development of strut-and-tie models using load path in structural concrete [J]. Journal of Structural Engineering, 2020, 146(5): 06020004.

[145] HE Z Q, LIU Z, MA Z J. Explicit solution of transverse tension in deep beams: load-path model and superposition principle [J]. ACI Structural Journal, 2014, 111(3): 583 - 594.

[146] HE Z Q, XU T, LIU Z. Load-path modeling of pier diaphragms under vertical shear in concrete box-girder bridges [J]. Structural Concrete, 2020, 21(3): 949 - 965.

[147] ROZVANY G I N, BENDSØE M P, KIRSCH U. Layout optimization of structures [J]. Applied Mechanics Reviews, 1995, 48(2): 41 - 119.

[148] LIANG Q Q, XIE Y M, STEVEN G P. Topology optimization of strut-and-tie models in reinforced concrete structures using an evolutionary procedure [J]. ACI Structural Journal, 2000, 97(2): 322 - 330.

[149] LIANG Q Q. Performance-based optimization of strut-and-tie models in reinforced concrete beam-column connections [C]//The 10th East Asia-Pacific Conference on Structural Engineering and Construction, 2006: 347 - 352.

[150] LIANG Q Q, XIE Y M, STEVEN G P. Generating optimal strut-and-tie models in prestressed concrete beams by performance-based optimization [J]. ACI Structural Journal, 2001, 98(2): 226 - 232.

[151] ALMEIDA V S, SIMONETTI H L, NETO L O. Comparative analysis of strut-and-tie models using Smooth Evolutionary Structural Optimization [J]. Engineering Structures, 2013(56): 1665 - 1675.

[152] CUI C, OHMORI H, SASAKI M. Computational morphogenesis of 3D structures by extended ESOmethod [J]. Journal of the International Association for Shell and Spatial Structures, 2003, 44(141): 51 - 61.

[153] VICTORIA M, MARTÍ P, QUERIN O M. Topology design of two-dimensional continuum structures using isolines [J]. Computers & Structures, 2009, 87(1/2): 101 - 109.

[154] LORENSEN W E, CLINE H E. Marching cubes: a high resolution 3D surface construction algorithm [J]. A C M SIGGRAPH Computers Graphics, 1987, 21(4): 163 - 169.

[155] 刘霞，易伟建．钢筋混凝土平面构件的配筋优化 [J]．计算力学学报，2010，27 (1)：110 - 114；126.

[156] VICTORIA M, QUERIN O M, MARTÍ P. Generation of strut-and-tie models by topology design using different material properties in tension and compression [J]. Structural and Multidisciplinary Optimization, 2011, 44(2):247 -258.

[157] ZHANG H Z, LIU X, YI W J. Reinforcement layout optimisation of RC D-regions [J]. Advances in Structural Engineering, 2014, 17(7):979 -992.

[158] BRUGGI M. Generating strut-and-tie patterns for reinforced concrete structures using topology opti-mization [J]. Computers & Structures, 2009, 87(23/24):1483 -1495.

[159] DU Z L, ZHANG W S, ZHANG Y P, et al. Structural topology optimization involving bi-modulus materials with asymmetric properties in tension and compression [J]. Computational Mechanics, 2019, 63(2):335 -363.

[160] XIA Y, LANGELAAR M, HENDRIKS M A N. A critical evaluation of topology optimization results for strut-and-tie modeling of reinforced concrete [J]. Computer-Aided Civil and Infrastructure Engineering, 2020, 35(8):850 -869.

[161] GAYNOR A T, ASCE SM, GUEST J K, et al. Reinforced concrete force visualization and design using bilinear truss-continuum topology optimization [J]. Journal of Structural Engineering, 2012, 139(4): 607 -618.

[162] YANG Y, MOEN C D, GUEST J K. Three-dimensional force flow paths and reinforcement design in concrete via stress-dependent truss-continuum topology optimization [J]. Journal of Engineering Mechanics, 2015, 141(1):04014106.

[163] 刘相斌，孟庆春．拉压不同模量有限元法的收敛性分析 [J]．北京航空航天大学学报，2002 (2)：231 -234.

[164] ZHONG J T, WANG L, LI Y F, et al. A practical approach for generating the strut-and-tie models of anchorage zones [J]. Journal of Bridge Engineering, 2017, 22(4): 04016134.

[165] ZHONG J T, WANG L, DENG P, et al. A new evaluation procedure for the strut-and-tie models of the disturbed regions of reinforced concrete structures [J]. Engineering Structures, 2017(148):660 -672.

[166] ZHONG J T, WANG L, ZHOU M, et al. New method for generating strut-and-tie models of three-dimensional concrete anchorage zones and box girders [J]. Journal of Bridge Engineering, 2017, 22(8):04017047.

[167] MAXWELL J C. On reciprocal figures and diagrams of forces [J]. The London, Edinburgh, and Dublin Philosophical Mgazine and Journal of Science, 1864, 127(182): 250-261.

[168] MAXWELL J C. On reciprocal figures, frames, and diagrams of forces [J]. Transactions of the Royal Society of Edinburgh, 1870, 26(1): 1-40.

[169] BAKER W F, BEGHINI L L, MAZUREK A, et al. Maxwell's reciprocal diagrams and discrete Michell frames [J]. Structural and Multidisciplinary Optimization, 2013, 48(2): 267-277.

[170] ZALEWSKI W, ALLEN E. Shaping structures: statics [M]. New York: Wiley, 1997.

[171] BEGHINI L L, CARRION J, BEGHINI A, et al. Structural optimization using graphic statics [J]. Structural and Multidisciplinary Optimization, 2014, 49(3): 351-366.

[172] LEE J, MUELLER C, FIVET C. Automatic generation of diverse equilibrium structures through shape grammars and graphic statics [J]. International Journal of Space Structures, 2016, 31(2/4): 147-164.

[173] STINY G. Introduction to shape and shape grammars [J]. Environment and Planning B: Planning and Design, 1980, 7(3): 343-351.

[174] ENRIQUE L, SCHWARTZ J. Load path network method: an equilibrium-based approach for the design and analysis of structures [J]. Structural Engineering International, 2017, 27(2): 292-299.

[175] MOZAFFARI S, AKBARZADEH M, VOGEL T. Graphic statics in a continuum: strut-and-tie models for reinforced concrete [J]. Computers & Structures, 2020(240): 106335.

[176] LEY M T, RIDING K A, WIDIANTO, et al. Experimental verification of strut-and-tie model design method [J]. ACI Structural Journal, 2007, 104(6): 749-755.

[177] WANG J Q, QI J N, ZHANG J. Optimization method and experimental study on the shear strength of externally prestressed concrete beams [J]. Advances in Structural Engineering, 2014, 17(4): 607-615.

[178] MATA-FALCÓN J, PALLARÉS L, MIGUEL P F. Proposal and experimental validation of simplified strut-and-tie models on dapped-end beams [J]. Engineering Structures,

2019(183):594 -609.

[179] CHEN H T, WANG L, ZHONG J T. Study on an optimal strut-and-tie model for concrete deep beams [J]. Applied Sciences, 2019, 9(17):3637.

[180] JEWETT J L, CARSTENSEN J V. Experimental investigation of strut-and-tie layouts in deep RC beams designed with hybrid bi-linear topology optimization [J]. Engineering Structures, 2019(197): 109322.

[181] ABDUL-RAZZAQ K S, DAWOOD A A. Corbel strut and tie modeling experimental verification [J]. Structures, 2020(26):327 -339.

[182] REINECK K H. Examples for the design of structural concrete with strut-and-tie models [M]. MI: Farmington Hills, 2002.

[183] GUO X, ZHANG W S, ZHANG J, et al. Explicit structural topology optimization based on moving morphable components(MMC) with curved skeletons [J]. Computer Methods in Applied Mechanics and Engineering, 2016(310):711 -748.

[184] 乔赫廷．连续体结构拓扑优化模型讨论及其应用 [D]．大连：大连理工大学, 2011.

[185] NOCEDAL J, WRIGHT S J. Springer series in operation research: Numerical optimization [M]. 2nd ed. New York: Springer, 2006.

[186] SVANBERG K. The method of moving asymptotes-a new method for structural optimization [J]. International Journal for Numerical Methods in Engineering, 1987, 24(2): 359 -373.

[187] SVANBERG K. A globally convergent version of MMA without linesearch [C]// The First World Congress of Structural and Multidisciplinary Optimization, 1995: 9 -16.

[188] SVANBERGK. A class of globally convergent optimization methods based on conservative convex separable approximations [J]. SIAM Journal on Optimization, 2002, 12 (2):555 -573.

[189] 张慧, 陈国荣．基于均匀设计思想的结构优化方法 [J]．河海大学学报 (自然科学版), 2009, 37 (1)：62 -65.

[190] 张慧, 陈国荣．基于试验设计理论的结构优化算法 [J]．兰州理工大学学报, 2009, 35 (4)：133 -136.

[191] 张慧, 陈国荣．连续体结构拓扑优化的数论网格法 [C]//中国力学学会计

算力学专业委员会，南方计算力学联务委员会．中国计算力学大会 2010（CCCM2010）暨第八届南方计算力学学术会议（SCCM8）论文集．南京：河海大学工程力学系，2010：760－765.

[192] DÍAZ A R, BENDSØE M P. Shape optimization of structures for multiple loading conditions using a homogenization method [J]. Structural and Multidisciplinary Optimization, 1992, 4(1):17－22.

[193] ACHTZIGER W. Minimax compliance truss topology subject to multiple loading [C] //BENDSØE M P, MOTA SOARES C A. Topology Design of Structures, Berlin: Kluwer Academic Publishers, 1993: 43－54.

[194] ROZVANY G I N. Topology optimization of discrete structures: an introduction in view of computa-tional and nonsmooth aspects [M]. New York: Springer, 1997.

[195] LEWINSKI T, ROZVANYGI, SOKOYT, et al. Exact analytical solutions for some popular benchmark problems in topology optimization III: L-shaped domains [J]. Structural and Multidisciplinary Optimization, 2013,47(6)937－942.

[196] BRUGGI M. On the automatic generation of strut and tie patterns under multiple load cases with application to the aseismic design of concrete structures [J]. Advances in Structural Engineering, 2016, 13(6):1167－1181.

[197] VICTORIA M, QUERIN O M, MARTÍ P. Topology design for multiple loading conditions of continuum structures using isolines and isosurfaces [J]. Finite Elements in Analysis and Design, 2010, 46(3):229－237.

[198] 刘霞，张鹄志，易伟建，等．钢筋混凝土开洞深梁拉压杆模型方法与经验方法试验对比研究[J]．建筑结构学报，2013，34（7）：139－147.

[199] PICELLI R, TOWNSEND S, BRAMPTON C, et al. Stress-based shape and topology optimization with the level set method [J]. Computer Methods in Applied Mechanics and Engineering, 2018, 329: 1－23.

[200] 张鹄志，马哲霖，黄海林，等．不同位移边界条件下钢筋混凝土深梁拓扑优化[J]．工程设计学报，2019，26（6）：691－699.

[201] NOWAK M, SOKOŁOWSKI J, ZOCHOWSKI A. Biomimetic approach to compliance optimization and multiple load cases [J]. Journal of Optimization Theory and Applications, 2020, 184(1):210－225.

［202］张鹄志，王熙，谢献忠，等．不同荷载工况下钢筋混凝土深梁的拓扑优化设计［J］．河海大学学报（自然科学版），2021，49（4）：366－372.

［203］张鹄志，黄垚森，郭原草，等．荷载工况多目标下钢筋混凝土深梁的拓扑拉压杆模型设计［J］．河海大学学报（自然科学版），2021，49（5）：433－440.

[204] LIN C Y, CHAO L S. Automated image interpretation for integrated topology and shape optimization [J]. Structural and Multidisciplinary Optimization, 2000, 20(2): 125－137.

[205] HSU M H, HSU Y L. Interpreting three-dimensional structural topology optimization results [J]. Computers & Structures, 2005, 83(4/5): 327－337.

[206] ZHANG W S, ZHONG W L, GUO X. An explicit length scale control approach in SIMP-based topology optimization [J]. Computer Methods in Applied Mechanics and Engineering, 2014(282): 71－86.

[207] ROSENFELD A, DAVIS L S. A note on thinning [J]. IEEE Transactions on Systems Man and Cybernetics, 1976, S M C-6(3): 226－228.

[208] FELKEL P, ALEK S. Straight skeletons implementation [J] Computer Science. 1998: 210－218.

[209] NANA A, CUILLIÈRE J C, FRANCOIS V. Automatic reconstruction of beam structures from 3D topology optimization results [J]. Computers & Structures, 2017(189): 62－82.

[210] ZHANG T Y, SUEN C Y. A fast parallel algorithm for thinning digital patterns [J]. Communications of the ACM, 1984, 27(3): 236－239.

[211] HOLT C M, STEWART A, CLINT M, et al. An improved parallel thinning algorithm [J]. Communications of the ACM, 1987, 30(2): 156－160.

[212] CHEN Y S, HSU W H. A modified fast parallel algorithm for thinning digital patterns [J]. Pattern Recognition Letters, 1988, 7(2): 99－106.

[213] ZHOU Y, TOGA A W. Efficient skeletonization of volumetric objects [J]. IEEE Transactions on Visualization and Computer Graphics, 1999, 5(3): 196－209.

[214] HASSOUNA M S, FARAG A A. Robust centerline extraction framework using level sets [C]// IEEE Computer Society Conference on Computer Vision and Pattern Recognition, 2005: 458－465.

[215] OGNIEWICZ R, ILG M. Voronoi skeletons: theory and applications [C]//IEEE Computer Society Conference on Computer Vision and Pattern Recognition, 1992: 63 - 69.

[216] AMENTA N, CHOI S H, KOLLURI R K. The power crust, unions of balls, and the medial axis transform [J]. Computational Geometry, 2001, 19(2/3): 127 - 153.

[217] DEY T K, SUN J. Defining and computing curve-skeletons with medial geodesic function [C]//The fourth Eurographics Symposium on Geometry Processing, 2006: 143 - 152.

[218] KARIMIPOUR F, GHANDEHARI M. Voronoi-based medial axis approximation from samples: issues and solutions [J]. Trans. Comput. Sci 2013(20): 138 - 157.

[219] PASCUCCI V, SCORZELLI G, BREMER P T, et al. Robust on-line computation of Reeb graphs: simplicity and speed [J]. ACM Transactions on Graphics, 2007, 26 (3): 58.

[220] SORKINE O, COHEN-OR D. Least-squares meshes [J]. Proceedings Shape Modeling Applications, 2004: 191 - 199.

[221] NEALEN A, IGARASHI T, SORKINE O, et al. Laplacian mesh optimization [C] //4th International Conference on Computer Graphics and Interactive Techniques in Australasia and Southeast Asia, 2006: 381 - 389.

[222] AMENTA N, BERN M, EPPSTEIN D. The crust and the-skeleton: Combinatorial curve reconstruction [J]. Graphical Models and Image Processing, 1998, 60(2): 125 - 135.

[223] SHEN W, BAI X, YANG X W, et al. Skeleton pruning as trade-off between skeleton simplicity and reconstruction error [J]. Science China Information Sciences, 2013, 56(4): 1 - 14.

[224] ABU-AIN W, ABDULLAH S N H S, BATAINEH B, et al. Skeletonization algorithm for binary images [J]. Procedia Techndogy 2013(11): 704 - 709.

[225] 牟少敏，杜海洋，苏平，等．一种改进的快速并行细化算法［J］．微电子学与计算机，2013，30（1）：53 - 55；60.

[226] CHOU Y H, LIN C Y. Improved image interpreting and modeling technique for automated structural optimization system [J]. Structural and Multidisciplinary Optimization, 2010, 40(1/6): 215 - 226.

[227] 陈晖．基于压杆 - 拉杆模型的混凝土深梁受剪机制与承载力研究［D］．长

沙：湖南大学，2019.

[228] EI-ZOUGHIBY M E. Z-shaped load path: a unifying approach to developing strut-and-tie models [J]. ACI Structural Journal, 2021, 118(3):35-48.

[229] XIA Y, LANGELAAR M, HENDRIKS M A N. Automated optimization-based generation and quantitative evaluation of Strut-and-Tie models [J]. Computers & Structures, 2020(238):106297.

[230] BAŽANT Z P, JIRÁSEK M. Nonlocal integral formulations of plasticity and damage: survey of progress [J]. Journal of Engineering Mechanics, 2002, 128(11):1119-1149.

[231] WANG Z, BOVIK A C, SHEIKH H R, et al. Image quality assessment: from error visibility to structural similarity [J]. IEEE Transactions on Image Processing, 2004, 13(4):600-612.

[232] JACOBSEN J B, OLHOFF N, RØNHOLT E. Generalized shape optimization of three-dimensional structures using materials with optimum microstructures [J]. Mechanics of Materials, 1998, 28(1/4): 207-225.

[233] ZEGARD T, PAULINO G H. GRAND3—Ground structure based topology optimization for arbitrary 3D domains using MATLAB [J]. Structural and Multidisciplinary Optimization, 2015, 52(6):1161-1184.

[234] ZUO Z H, XIE Y M. A simple and compact Python code for complex 3D topology optimization [J]. Advances in Engineering Software, 2015(85):1-11.

[235] ZHANG W S, LI D, YUAN J, et al. A new three-dimensional topology optimization method based on moving morphable components(MMCs) [J]. Computational Mechanics, 2017, 59(4):647-665.

[236] ZHANG W S, CHEN J S, ZHU X F, et al. Explicit three dimensional topology optimization via Moving Morphable Void(MMV) approach [J]. Computer Methods in Applied Mechanics and Engineering, 2017(322):590-614.

[237] 陈继顺. 一种新的显式三维拓扑优化方法与基于 MMC 方法的拓扑优化尺寸控制 [D]. 大连：大连理工大学，2018.

[238] ZHOU P Z, DU J B, LÜ Z H. A generalized DCT compression based density method for topology optimization of 2D and 3D continua [J]. Computer Methods in Applied

Mechanics and Engineering, 2018(334):1 -21.

[239] LIN H D, XU A, MISRA A, et al. An ANSYS APDL code for topology optimization of structures with multi-constraints using the BESO method with dynamic evolution rate (DER-BESO) [J]. Structural and Multidisciplinary Optimization, 2020, 62(4):2229 -2254.

[240] AU O K C, TAI C L, CHU H K, et al. Skeleton extraction by mesh contraction [J]. ACM Transactions on Graphics, 2008, 27(3):1 -10.

[241] 黄文伟. 基于拉普拉斯算子的点云骨架提取 [D]. 大连: 大连理工大学, 2009.

[242] TAGLIASACCHI A, ALHASHIM I, OLSON M, et al. Mean curvature skeletons [J]. Computer Graphics Forum, 2012, 31(5):1735 -1744.

[243] BOISSONNAT J D, TEILLAUD M. Effective computational geometry for curves and surfaces [M]. Berlin: Springer, 2006.

[244] SIDDIQI K, PIZER S M. Medial representations: mathematics, algorithms and applications [M]. Berlin: Springer, 2008.

[245] BOTSCH M, KOBBELT L, PAULY M, et al. Polygon mesh processing [M]. Natick, MA: A. K. Peters, 2010.

[246] MONTANI C, SCATENI R, SCOPIGNO R. A modified look-up table for implicit disambiguation of marching cubes [J]. The Visual Computer, 1994, 10(6):353 -355.

[247] XIA Y, LANGELAAR M, HENDRIKS M A N. Optimization-based three-dimensional strut-and-tie model generation for reinforced concrete [J]. Computer-Aided Civil and Infrastructure Engineering, 2021, 36(5):526 -543.